武器电子系统质量评估

曹菲　曹海　朱晓菲　毋凡　著

西安电子科技大学出版社

内容简介

武器电子系统质量评估理论是武器电子系统质量评估的基础。本书在已有的质量评估基础上提出了新的评估理论并在实践中得到了运用，从稳健评估机理出发，以武器电子系统质量评估指标体系的优化、权重体系的设计为核心，基于多源数据融合评估算法的实现，通过对数据信息的综合分析介绍了武器电子系统质量状况评估和软件系统设计。

本书取材注重结构完整性和内容的系统性，注重理论联系实际及物理概念与含义的阐述，注重对新概念、新理论的介绍，内容由简单到复杂。

本书可供部队武器装备管理及相关专业人员作教材使用，也可供部队院校相关学院教学参考使用。

图书在版编目(CIP)数据

武器电子系统质量评估/曹菲等著. —西安：西安电子科技大学出版社，2014.1
ISBN 978-7-5606-3081-6

Ⅰ.①武… Ⅱ.①曹… Ⅲ.①武器装备—电子系统—质量—评估 Ⅳ.①TJ0

中国版本图书馆 CIP 数据核字(2013)第 145513 号

策　　划　陈　婷
责任编辑　张　玮　陈　婷
出版发行　西安电子科技大学出版社(西安市太白南路 2 号)
电　　话　(029)88242885　88201467　　邮　　编　710071
网　　址　www.xduph.com　　电子邮箱　xdupfxb001@163.com
经　　销　新华书店
印刷单位　陕西天意印务有限责任公司
版　　次　2014 年 1 月第 1 版　2014 年 1 月第 1 次印刷
开　　本　787 毫米×960 毫米　1/16　印　张　8.5
字　　数　170 千字
印　　数　1～1000 册
定　　价　18.00 元
ISBN 978-7-5606-3081-6/TJ

XDUP 3373001-1

前　言

尽管武器电子系统型号在不断壮大，但起指导作用的评估理论和方法基础研究却相当薄弱，质量评估技术远远跟不上武器电子系统维护的要求。这在一定程度上制约了部队对武器电子系统实施最终的管理、使用和维护，因此迫切需要新的方法对其进行深入细致的研究。

本书从稳健评估机理出发，以武器电子系统质量评估指标体系的优化、权重体系的设计为核心，基于多源数据融合评估算法的实现，通过对数据信息的综合分析介绍了武器电子系统质量状况的评估和软件系统的设计。书中提出了多种具有创新性及实用价值的处理模型和方法，形成了一套完整的质量评估方法体系并运用于实践，最终取得了较好的效果。本书的主要内容如下：

(1) 在质量评估指标优化方面，深入研究了信息熵在指标赋权中的应用，提出了基于熵权的区分度的概念。通过对指标区分度的测算，实现了武器电子系统评估指标在常规状态和战备状态中的区分优化，通过指标优化和指标区分度的测算使评估的效果有了很大的提升。

(2) 在质量评估权重体系设计方面，权衡指标重要度与区分度，提出了基于专家分辨系数的主观赋权法和基于最优权系数的组合赋权法。主观赋权依据模糊判断矩阵，在专家分辨能力的基础上实现了指标优先权重，而组合赋权克服了以往主观赋权与客观赋权简单线性叠加的理念，设计了一种基于最优组合因子的权系数求解方法。

(3) 在质量评估算法实现方面，引入多源数据融合和多属性决策理论，结合武器装备实际需求，提出了武器电子系统静态检测与动态检测的评估算法。基于此算法，既可以实现武器电子系统质量即时检测，又可以实现当前质量与历史质量的“决策”检测，动静结合，从而更全面地掌握武器电子装备质量变化趋势，为维护和保养提供强有力的理论支持。

(4) 在质量评估风险控制方面，针对质量评估结果的可信度问题，提出了一种基于权重的D-S证据理论与专家评定相结合的可信度校验方法。该方法借鉴元评估思想，通过对专家论证进行证据合成，实现了元评估结果的可信度度量，为武器电子系统质量稳健评估提供了有利的技术支撑。

(5) 在质量评估系统实现方面，以书中提出的算法和模型为理论支撑，实现了在软件工程层次上的稳健评估模型设计。该设计作为一个实用性强、使用方便的数据管理与评估系统，在很大程度上克服了评估和优选工作量大、时间长的瓶颈，为武器电子系统质量评估提供了高效、稳健的决策辅助，从而推动了武器质量评估的发展。

本书在编写过程中，采纳了编者的几位硕士研究生的意见和建议，对于改进本书的可读性和易懂性起到了重要的作用，在此表示感谢。

由于作者水平有限，书中难免存在不足之处，敬请读者批评指正。

编　者

2013 年 3 月

目　录

第1章 绪 论

武器电子系统管理一直是各个国家十分关注的领域，而质量评估则是武器电子系统安全管理的基础和依据。电子系统作为武器的重要组成部分，可直接影响到武器的整体性能，它是整个武器系统的灵魂。因此，发展先进的评估理论和方法是实施武器电子系统安全科学管理与正确决策的客观要求[1]。本书以此为目标，深入地研究了评估理论和方法。

1.1 研究背景及问题提出

武器电子系统性能的好坏，对于武器系统能否完成既定的军事和政治任务具有十分重要的意义[2]。在武器电子系统不断发展的形势下，针对武器电子系统现状和质量监测存在的主要问题，开展武器电子系统质量监测与评估研究，不仅是保持武器战备管理安全性的迫切需要，也是提高武器电子系统科学管理水平的重要措施。

现代武器电子系统结构复杂，而质量评估具有动态性、交互性、环境多变性和人为因素性[3]，质量检测主要依靠简单仪表、数据比对和个人经验，不仅速度慢、周期长而且容易造成失误，已远远不能满足视情检测和原位快速评估的迫切需要。

为此，在改进检测手段的基础上，如何建立评估模型以对测量数据进行智能分析，如何改进评估方法使评估结果稳健可靠，从而为武器电子系统提供质量跟踪和维护决策，确保武器电子系统可用性和战备作战反应速度，已成为一个亟待解决的课题。

1.2 质量评估概述

1.2.1 可靠性分析、质量评估、效能评估的区别与联系

可靠性分析可分为可靠性工程分析和可靠性物理分析两大部分，研究系统在规定的条件下和规定的时间内完成规定功能的能力[4]，即系统、元件、设备的功能在时间上的稳定性。效能评估是指对系统在规定条件下满足特定任务需求的程度的评估[5-7]，效能评估涉

及的系统可大可小，是系统地分析系统完成任务能力的有利工具。目前，可靠性分析与效能评估分析的理论体系正在完善，逐步形成了一系列可行的思路和方法，而质量评估[8,9]则是一门新兴的工程科学。质量评估是对产品具有满足规定的或隐含的能力要求的特征进行度量，是联系可靠性分析与效能评估的桥梁。

可靠性分析、质量评估、效能评估作为对系统评价的三个要素，侧重点各不相同，但本质都是一样的，都是通过以"微观"机制建模为基础，来反馈"宏观"评估信息。如果将效能评估看做正方体，可靠性分析、质量评估则分别代表其中的点、面，其关系如图 1.1 所示。因此，只有正确把握可靠性分析、质量评估与效能评估的辩证关系，才能开拓质量评估的知识"视野"，为其形成新的方法体系和新的决策手段提供理论依据。

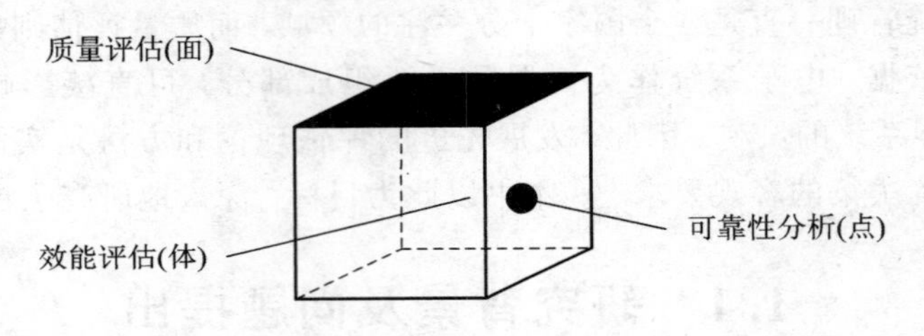

图 1.1　可靠性分析、质量评估、效能评估关系示意图

1.2.2　质量评估的实现方法

目前，国内外提出的质量评估方法已有几十种之多，其发展过程[10-12]如图 1.2 所示，但总体上可归纳为定性法、定量法、定性与定量相结合的方法三类，各种方法各有优势，不可偏废。

（1）定性法：也称经验判断法，是根据征询和调查所得的资料，并结合专家（智囊团队）的分析判断，对系统进行分析、评价的一种方法。典型的代表方法为德尔菲法（Delphi Technique）。

（2）定量法：也称线性权重法，其基本原理是给每个准则分配一个权重，全部指标各项准则的得分与该项准则权重乘积的累加和为该评价客体的度量结果，然后通过对不同对象度量结果的比较，实现对客体的评价，典型的方法有功效系数法、综合指数法、数据包络分析法。

（3）定性与定量相结合的方法：既有效地吸收了定性分析的结果，又发挥了定量分析的优势；既包含了主观的逻辑判断和分析，又依靠客观的精确计算和推演，从而使评估过程具有很强的条理性和科学性，能处理许多传统的最优化技术无法着手的实际问题，应用范围比较广泛，典型的方法有层次分析法（AHP）、模糊综合评价法（FCE）、人工神经网络法（ANN）、灰色关联度评价法（GRA）。

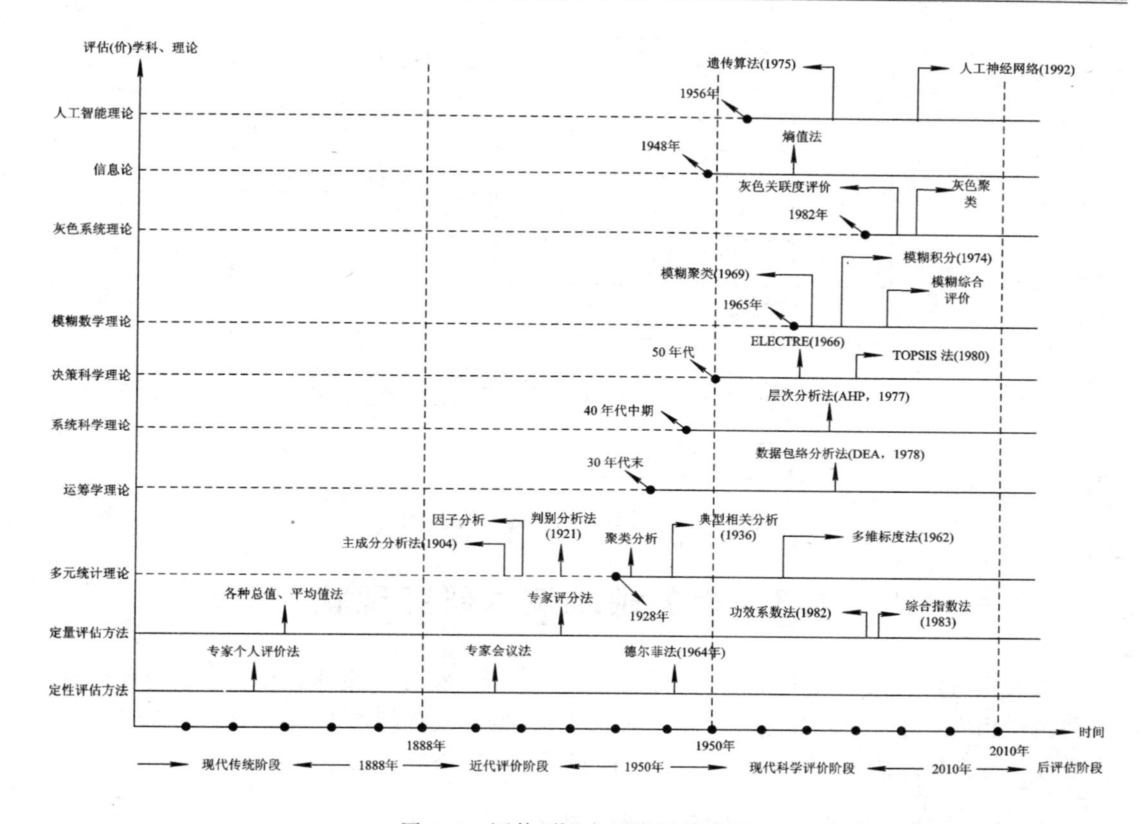

图 1.2 评估(价)方法发展示意图

在武器电子系统质量评估过程中，所面临的统计数据为小样本、贫信息，加上许多数据波动较大，没有典型的分布规律，既有定性因素，又有定量因素。在这样一种情况下，如何依靠既有的评估方法去实现新领域(武器电子系统)的创新评估模式，显得尤为重要。

1.2.3 质量评估流程

传统的质量评估流程形式呈现单向直线性，如图 1.3 虚线框所示，即从指标体系构建、指标权重计算、评估方法选择到元评估结果，按顺序一次性完成，无中间的反馈回路，这种形式缺乏一种引导评估结果走向可信的途径和措施。一个合理满意的评估结论常需要经过反复的测评才能得到，这个测评过程往往是一个反复调整、反复权衡的评估回路，即所谓的稳健评估，如图 1.3 所示。稳健评估要对评估结果的可信度进行测度，在方法上降低潜在的评估风险，因此，符合武器电子系统的质量评估需求，具体内容将在第 5 章介绍。

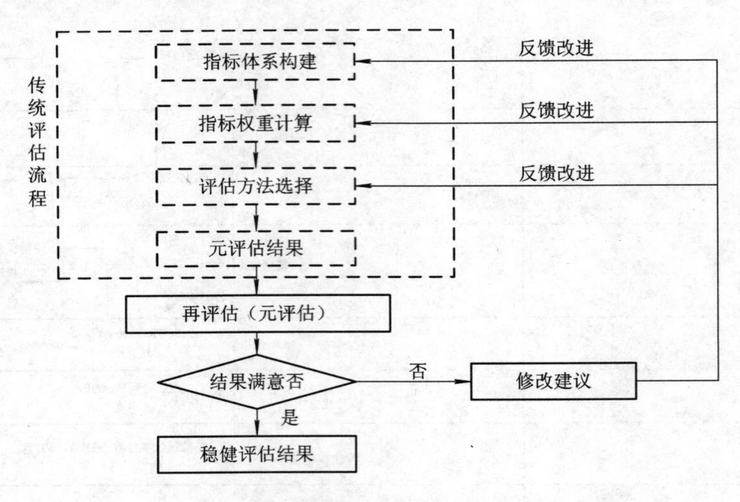

图 1.3　传统评估与稳健评估流程图

1.3　相关领域技术研究现状

质量评估是一项系统工程，即指标体系建立优化、指标权重体系设计、质量评估算法实现相辅相成，每一个环节都制约着评估的精度，既涉及数据挖掘、信息融合、信息论、模糊原理，还涉及评估方法中的灰色理论、控制论、系统论等。

1.3.1　国外的武器电子系统质量评估动态

国外虽然对有关的武器电子系统质量监测与评估技术进行了深入研究，但很少报道，即使美国有所披露，但实质性内容并不多见。美国等大国非常重视武器电子系统质量监测问题，一直在探索通过计算和模拟来保持武器电子系统有效性的各种技术途径[13]，主要目标是发展相关技术、方法和手段，深化对武器材料特性和武器科学的基础认识，从而提高监测和评估能力。

前苏联早在 20 世纪 50 年代就开始了武器电子系统质量评估方面的研究工作，60 年代逐步加强对指标的选择原则、质量评估的内容与方法[14]的研究，70 年代以后开展了导弹武器系统评估方面的研究。美国国防部在 20 世纪 60 年代初规定了“新武器研制没有后期质量评估模型，不予立项”，从而大大促进了武器质量评估模型的研究和发展[15]，并且先后提出了多种系统评估模型，如航空无线公司的(AIRNC)系统评估模型、空军的系统评估模型、海军的系统评估模型和陆军的系统评估模型等，这些模型先后又推广到陆军武器和战略导弹部队等军事领域；80 年代中期以来，除了进一步加强安全性分析、设计和验证工作外，还综合运用人为因素分析、风险管理和定量风险评估等各种先进技术来进行评估分析[16]。美国在20世纪90年代应用现代数学和计算机技术的成果开发了一系列模型和大量专家系统与仿真系统，并且编写了许多定性、定量分析程序，大大缩短了评估时间[17]。

1.3.2 我国的武器电子系统质量评估动态

国内在武器电子系统测试数据的管理及评估方法方面已经进行了许多尝试，地装、地测和配套设施比较齐全，主要采用人工比对分析武器电子系统履历和测试数据的方法，对武器电子系统质量性能进行了定性评判，具备了比较成熟的理论成果与实践经验[18]。但是随着武器电子系统型号的进一步发展，测试项目的多样性、复杂性使得测试数据的管理任务更加繁重，对武器电子系统测试数据及评估精度提出了许多新的挑战与要求。另外，当前的测试数据管理系统对数据管理重点性不突出、分类不明显并且不支持数据统计与分析功能，因而不能很好地为武器电子系统质量评估提供高效、可靠、直观的参考。

目前，国内对基础的质量评估理论缺乏深入的研究，仅仅是对一般方法进行简单的照搬照用，对武器电子系统这一特殊领域根本没有一套实用的评估理论和方法。这些评估方法主要存在以下缺陷：① 评价信息没有全面考虑多种不确定性，一些重要信息可能忽略掉；② 评价模型和方法只是静态评估，而没有实现动态评估；③ 系统中的人因作用没有很好地描述；④ 缺乏基于系统内层“微观”描述模型的支持，而限于外部“宏观”评估。

由于任务需要，部队不可能在质量评估理论和方法上投入太多的研究，而地方研究单位和院校又缺少对武器电子系统的实际了解，从而也限制了该特殊领域评价理论和方法的研究[19]。

1.4 研究目标及意义

鉴于国内外研究现状和部队的实际需求，研究本课题的意义主要包括两方面：一方面是在理论上可建立一套武器电子系统质量稳健评估方法理论框架。拟建的武器电子系统质量稳健评估方法，包括指标优化的分析方法、指标权重的计算方法、多种可利用评估数据源的融合方法、评估结果的信度分析以及稳健质量评估系统。另一方面是在实际中可获取稳健的质量评估结果。稳健的评估结果可提高评估质量的深层分析及评估因素的良性反馈，不仅可用于查找武器电子系统的不稳定相关因素，特别是关键危险因素，找到预防措施和方法，而且能在定量上把握武器电子系统性能的现状和未来，对武器电子系统的安全管理起到指导作用。

1.5 主要思路和工作

本书针对武器电子系统质量评估问题进行了系统、深入的研究，在涉及指标体系优化、权重计算、数据融合、评估算法、风险控制等方面提出了具有一定创新性、实用性的方法或思想，为实际应用提供了一定的理论依据，而后设计并实现了武器电子系统数据管理与质量评估系统，对武器电子系统的质量管理具有重要意义。本书的组织结构框图如图1.4所示。

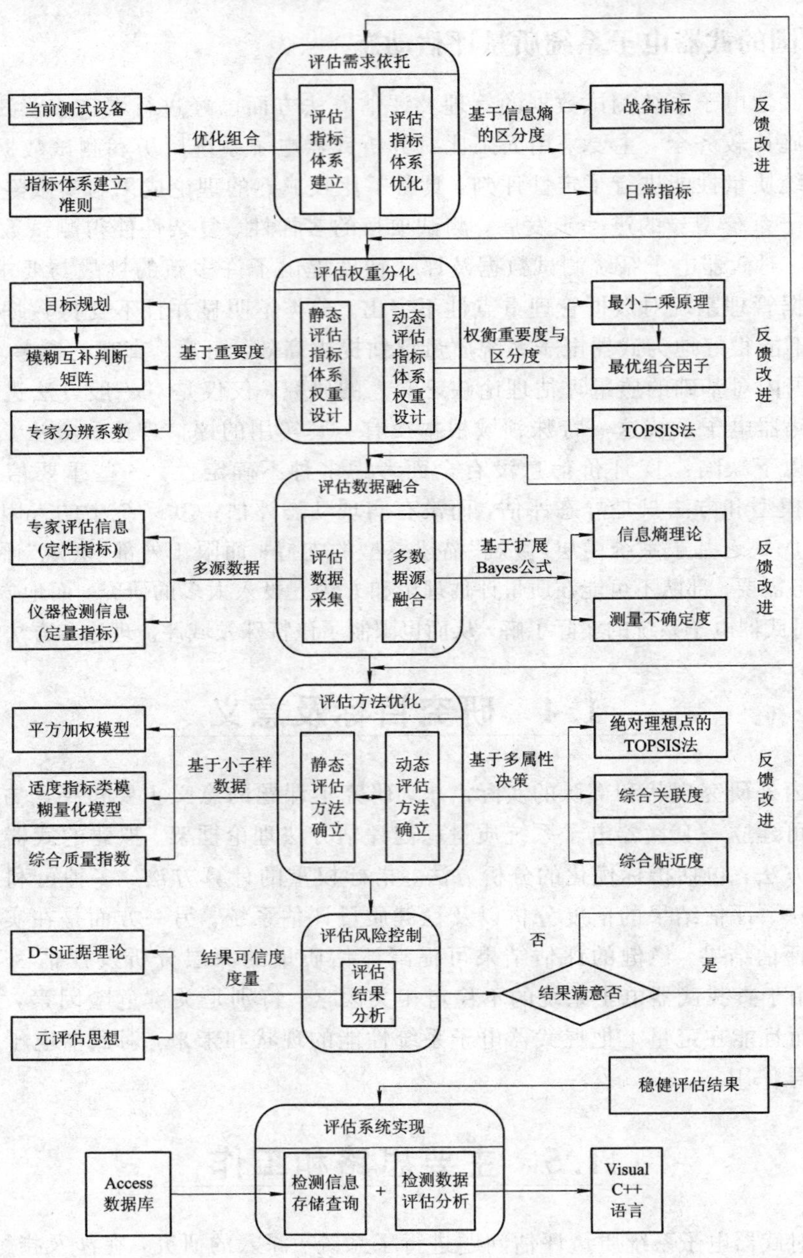

图1.4　全书组织结构框图

本书主要具有如下创新点：

(1) 在质量评估需求依托方面，深入研究了信息熵在指标赋权中的原理，提出了基于熵权的区分度概念。通过对指标区分度的测算，实现了评估指标在常规状态和战备状态中的区分优化，满足了部队的实际需求。

(2) 在质量评估权重分化方面，权衡指标重要度与区分度，提出了基于专家分辨系数的主观赋权法和基于最优权系数的组合赋权法。指标权重的设计实现为质量静态评估和动态评估算法的实现提供了可靠的理论支持。

(3) 在质量评估算法优化方面，引入了多源数据融合和多属性决策理论，并结合部队实际需求提出了基于武器电子系统静态检测与动态检测的评估算法。基于此，既可以实现武器电子系统质量即时检测，又可以实现当前质量与历史质量的“决策”检测。

(4) 在质量评估风险控制方面，针对质量评估结果的可信度问题，提出了一种基于权重的D-S证据理论与专家评定相结合的可信度校验方法。该方法借鉴了元评估思想，通过对专家论证进行证据合成，实现了元评估结果的可信度度量。

(5) 在评估系统实现方面，基于VC语言和Access数据库设计并实现了武器电子系统数据管理与质量评估系统，在很大程度上克服了评估和优选数据工作量大、时间长的瓶颈，为武器电子系统质量评估提供了高效、稳健的决策辅助。

1.6 本章小结

本章提出了研究“武器电子系统质量评估方法应用研究”的背景、重要意义以及有关理论的发展现状，进而从具体研究思路展开，阐述了本书的创新点和研究方法，为下文的具体阐述做了铺垫。

第2章 传统可靠性概述

2.1 引 言

武器电子系统可靠性从20世纪30～40年代就受到了人们的关注，其主要原因就是当时军用武器频频出现故障，以至于人们不得不深刻反思应该怎样对武器的可靠性进行保证。从那以后，人们便开始了对可靠性的研究。许多国家都相继建立了自己的可靠性研究机构，并将可靠性研究应用到了生活的方方面面，对武器质量的提高和生活安全的保障都起到了很好的促进作用。

总体说来，可靠性研究的发展大体上分为三个阶段。

第一个阶段是20世纪30～40年代，也就是可靠性的发展的初期阶段。当时军用的电子设备经常出现故障，引发了一系列对可靠性的思考，使得可靠性的研究开始进入人们的视野。

第二个阶段是20世纪50～60年代，也就是可靠性的中期发展阶段，这个时期主要的发展体现在以下三个方面：① 研究人员将概率论与数理统计的相关知识运用到了可靠性评估中，并且对许多的可靠性问题进行了深入的研究；② 许多国家都相继建立了自己的可靠性组织，使得可靠性的研究进入了专业性的轨道，但这时期的可靠性研究主要偏重于民用设备的可靠性研究，并带来了很好的社会效益；③ 可靠性评估被应用到了生产和生活的方方面面，如电气、化工、冶金、建筑、食品、通信和医疗等多个方面。

第三个阶段就是20世纪70年代以后，这时的主要成就集中在两个方面：① 许多国家都颁布了自己的可靠性标准，也出现了一些国际上通用的可靠性标准；② 形成了一系列比较成熟的可靠性评估方法，其中包括故障树分析(FTA)、事件树分析(ETA)、故障模式影响及可靠性分析(FMECA)等，它们都在实际生活中得到了广泛的应用，也收到了很好的效果。

2.2 基本概念

2.2.1 可靠性

在军用领域，可靠性(Reliability)是指武器在规定的条件下和规定的时间内完成规定功能的能力(引自国军际 GJB451《可靠性维修术语》)。

对于可靠性的这个定义可作如下几点说明：

(1) 其中的武器可以包含三种类型：系统、设备和元器件。

(2) 规定条件是指使用时的环境条件和工作条件，主要包括冲击、震动、温度、湿度，维护方法和存储条件。在不同的规定条件下武器的可靠性是不同的。

(3) 规定时间是指武器的规定任务时间。众所周知，武器的规定时间越大，武器出现故障的可能性越大，也就是说武器的可靠性越低。

(4) 规定功能是指规定了的武器必需具有的功能和技术指标。不同的武器功能和技术指标的高低会直接影响到武器的可靠性。

因此，在谈论武器的可靠性时，必需同时说明武器的规定条件、规定时间、规定功能，只有这样，计算出来的可靠性才是有意义的。

2.2.2 可靠度函数

可靠度函数是指在规定的条件下和规定的时间内完成规定功能的概率。假如武器的任务时间为 t，那么武器从工作开始到出现故障为止的时间称为武器的寿命，将其记为 T。因而武器的可靠性就是在$[0, t]$内武器不出现故障的概率，即

$$R(t) = P(T > t) \tag{2.1}$$

上式说明，寿命超过任务时间越多，武器的可靠性越高。

2.2.3 平均寿命

在武器的寿命指标中，最常用到的是武器的平均寿命。对于不可修复武器，平均寿命是指系统失效前的平均工作时间，记为 MTTF(Mean Time to Failure)。若已知 N 个不可维修的同类型的武器的出现故障前的工作时间分别的 t_1，t_2，…，t_N，则其 MTTF 可以通过如下公式计算：

$$\text{MTTF} = \frac{1}{N}(t_1 + t_2 + \cdots + t_N) = \frac{1}{N}\sum_{i=1}^{N} t_i \tag{2.2}$$

若已知武器的故障密度函数 $f(t)$，则其 MTTF 为

$$\text{MTTF} = \int_0^{\infty} t f(t)\,\mathrm{d}t \tag{2.3}$$

若武器为可维修武器，则相邻两次故障时刻之间的数学期望叫做平无故障间隔时间，记为 MTBF，可以通过下面的公式计算：

$$\mathrm{MTBF} = \frac{T(t)}{r(t)} \tag{2.4}$$

式中，$T(t) = \sum_{i=1}^{N} t_i$ 表示在规定的时间 t 内 N 个武器的总工作时间，$r(t)$表示在规定时间 t 内这 N 个武器发生故障的总数。

若可维修武器的故障密度函数为

$$f(t) = \lambda e^{-\lambda t} \tag{2.5}$$

式中，λ 表示衰减系数，则武器的 MTBF 为

$$\mathrm{MTBF} = \frac{1}{\lambda}$$

2.3 故障树分析

故障树分析(FTA)最早是在 20 世纪 60 年代初提出来的。其基本思想是：首先找出一个不希望发生的事件，称此事件为顶事件。然后分析影响顶事件的直接原因，假设影响顶事件的原因为 A 和 B(当然这里的原因可以为更多)，若 A 和 B 共同发生才导致顶事件发生，那么A 和 B 用与门连接；若 A 和 B 之间只要有一个发生顶事件就会发生，那么 A 和 B 就用或门连接，由此一直寻找下去，找出可能存在的人为失误、操作失误、部件故障等导致顶事件发生的事件，这样就形成了一个倒立的故障树。建立好故障树之后，就可以定性分析各种底事件的组合对顶事件的影响，识别各种故障模式和其轻重程度。

在使用故障树进行分析时，会经常用到两个比较重要的概念，即割集和最小割集。割集是指故障树中一些底事件的集合，这些底事件同时发生时，顶事件必然会发生。而最小割集同样是由一些底事件组成的集合，只是如果这个集合里去掉某个事件，那么顶事件就不会发生。

求最小割集的方法大体有两类：一类是下行法，另一类是上行法。

下行法就是从顶事件开始向下搜索，如果遇到与门就增加割集的阶数，如果遇到或门就增加割集的个数。详细的过程如下：把从顶事件开始向下搜索的过程做成横向列表，如果遇到与门，就用输入事件取代输出事件排在表格的同一行的下一列，如果碰到或门就将输入事件在下一列纵向依次展开，在表的最后一行得到的就是故障树的割集，然后再通过合并、化简得到故障树的最小割集。

上行法与下行法不同，顾名思义，上行法就是从底事件开始，逐层向上搜索，将或门输出的事件用输入事件的布尔和代替，把与门的输出事件用输入事件的布尔积代替。其中

应用到布尔代数的等幂和吸收幂来进行化简。

2.4 事件树分析

事件树分析(Event Tree Analysis，ETA)是一种逻辑演绎法。事件树可以用来描述系统中可能发生的事件序列，常被用来分析复杂系统的重大事故和故障，是一种非常有效的分析方法，特别适用于故障监测、保护设计和冗余设计的复杂系统的可靠性分析。其主要的思想就是先给定一个初因事件，然后分析由此初因事件导致的各种事件序列和结果，由此分析系统的可靠性。

在事件树分析中，常常用到三种类型的事件：初因事件、后续事件和后果事件。它们在事件树分析中扮演着不同的角色，下面将详细定义这三种类型的事件。

初因事件：在系统内部可能引发系统安全性后果的故障或者系统外部可能引发系统安全性后果的事件。

后续事件：当初因事件发后，引发的一系列相继发生的事件。这些事件可以是内部的，也可以是外部的。例如内部事件包括启用系统内部的某些功能或者安全设施，外部事件则是指外部正常或者非正常的事件。后续事件的一个特点是其一般按一定的顺序发生。

后果事件：当考虑初因事件和后续事件发生或者不发生时所构成的不同的后果。

采用事件树进行分析时，其分析步骤如下：

(1) 确定初因事件。对系统进行分析，找出可能导致系统安全性后果的初因事件，这些初因事件中可能有一些类型是相同的，可以将其归为一类。

(2) 构造事件树。当确定了初因事件以后，找出其可能相继发生的后续事件，并且确定这些后事件的先后顺序，并按照这些后续事件发生或者不发生来确定后果事件。这样一个构造事件树的过程也是对系统的一次深入分析与认识的过程。

(3) 对事件进行定量分析。根据所构造的事件树，深入分析其中各个事件发生的概率和事件之间的依赖关系，精确计算各后果事件发生的概率，以便对系统进行深入的可靠性评估。

经过上面的步骤分析，就可以清楚地分析出各个事件的严重程度，进而可以根据所得到的信息对系统进行改进，提前采取预防措施，以提高系统的安全性与可靠性。

对于事件树，可以对其进行简化，简化的时候需要注意以下两点：

(1) 如果某一个后续事件发生的概率极小，则可以在后续事件中将其忽略。

(2) 当某一后续事件发生后，如果其他事件无论发生与否都不能改变该事件链的后果，则表示该事件链已结束。

由上面的分析可知，在整个事件树的分析过程中，最关键的是对系统的功能和外部功能进行详细的分析，确定其初因事件、后续事件，以及由此所构成的一系列后果事件，然后根据这一系列的后果事件采取相应措施，以提高其可靠性与安全性。

2.5 故障模式影响及危害性分析

故障模式影响及危害性分析(FMECA)起源于美国，20 世纪 50 年代初被应用于飞机主操纵系统的可靠性分析；到了 60～70 年代，FMECA 被广泛应用于多个领域，如兵器、军用系统、航空、航天等，取得了很好的效果；80 年代初期，FMECA 被更加广泛地应用于电子、机械、汽车、家电等多个领域，在可靠性领域中起到了重要的作用。

FMECA 有两种基本的方法：一种是硬件法，另一种是功能法。此外，还有一种将硬件法和功能法相结合的方法，这种方法适合对大型、复杂的系统进行分析。人们可以根据不同的实际情况，选用不同的方法进行分析。下面将简要介绍这几种方法的基本思想。

(1) 硬件法：从系统的每个零部件组成开始，分析其所有可能的故障模式，然后分析这些故障模式的严重程度，及其可能发生的概率，最后进行一个综合的排序。这种方法适用于武器的设计资料已经完全确定了的情况下。

(2) 功能法：首先列出系统的功能，然后分析其故障模式，同样依据其故障模式的严重程度和其发生的概率进行一个综合的排序。此种方法适用于两种情况下：一是当系统或者武器的没有完全设计完成，没有其详细的组成部件清单时；二是对于一个复杂的武器或系统，需要从系统的上层开始向下分析时。这种方法比较简单，但也比较容易遗漏一些故障模式。

(3) 组合法：当系统中某些部分的设计已经确定，而另一些部分的设计没有确定时，可以采用此方法。对于那些确定的部分，可以采取硬件法，而对于那些没有确定的部分则可以采用功能法。

FMECA 在使用的过程中一般分为两步：第一步是故障模式及影响分析，第二步是危害性分析。

2.6 威布尔分析

虽然在可靠性实验研究中常用的是正态分布，但事实上并不是每一种情况都符合正态分布的。威布尔教授在 1937 年提出了威布尔分布，并将威布尔分布应用到了很多的实际问题中，实验证明这是一种有效方式。目前在可靠性中应用的威布尔分布关系式如下：

$$R(t) = \exp\left\{-\left(\frac{t}{\eta}\right)^{\beta}\right\} \tag{2.6}$$

式中，$t \geqslant 0$；β 表示形状态数，$\beta > 0$；η 表示尺度参数，$\eta > 0$。

使用威布尔分布函数可以表示各个部分的曲线图，详细分析如下：

武器在使用的初期失效率较高，易发生早期故障。在威布尔函数中，当 $\beta<1.0$ 时，表示新的武器在正常使用时便有可能失效。失效的原因有很多，例如武器制造的质量问题、部件的质量问题、使用安装的问题，等等。为了延长武器在早期的使用寿命，我们可以对各种情况采取相应的对策，以提高武器的质量。

武器在使用中会出现一些偶然的故障，这对应 $\beta=1.0$，表明失效率是一个恒定的数，或者失效率是相对于时间独立的。提高部件或者系统的可靠性的唯一方式就是经历随机故障并进行重新的设计。

武器在早期经常出现一些由机械问题引起的不期望的失效，即武器的早期损耗。在威布分布中，当 $1.0<\beta<4.0$ 时，当 β 很低时，表示对元件进行替换或检修会使花费有很明显的上升。对其进行改进的方式就是实施预防性的维修计划，这样既可以提高可靠性，还可以节省费用。

快速损耗阶段。如果一个元件出现重大失效，我们将考虑当元件出现故障或者是损坏时才进行检修，因为定时维修的代价太大；并且在设计元件寿命时，首要考虑的就是 $\beta>4.0$。其出现的主要原因是材料的固有特性缺陷、制造过程中出现严重的问题。

威布尔的适用范围很广，其主要的应用包括控制质量和设计缺陷、保障性分析、备用元件的预测、维修计划和替代计划、自然灾害等。其优点也是相当明显的，具体表现如下：

（1）威布尔分析可以很好地对小样本数据进行失效性预测，并且能进行准确的失效分析，这样对于可能出现的问题可以及早地进行防范，避免出现一些重大事故。

（2）威布尔提供了有效的失效物理的提示机制，这些都是基于威布尔概率图斜率的。

（3）威布尔很好地描述了分部形状的范围，可供选择出最佳的拟合分布。

（4）威布尔在数据不充分时可以提供一个简单有用的图表，以便于理解。

2.7　本章小结

本章主要介绍了一些传统的可靠性评估方法：故障树分析（FTA）、时间树分析（ETA）、故障模式影响及危害性分析（FMECA）。这些方法已经在生产和生活中得到了很好的应用，并且取得了不错的效果。

第3章 基于信息熵的评估指标体系的优化

3.1 引 言

指标体系是进行质量评估工作的基础和依据，指标体系在一定程度上决定了评价客体的信息采集乃至数据处理方式。因此，合理、正确地选择有代表性、可比性、独立性的信息量大的指标是构建高效、系统的评估指标体系的关键。本章研究武器电子系统质量评估指标体系优化的相关方法，主要包括以下思想和方法：

(1) 武器电子系统质量评估指标体系应该既能反映实际问题对系统的功能需求，又能反映不同层次评价指标之间的相互关系，选择合适的指标体系并使其量化，是进行质量评估的关键。所以本章首先讨论了武器电子系统质量评估指标体系的建立准则。

(2) 从熵权的角度出发，在分析熵权应用于指标赋权的不合理性的基础上，引出了熵权在指标可区分性上的度量价值，结合实际需求，构建了基于“区分度”的优化模型，实现了指标在常规状态和战备状态中的区分优化。

(3) 对武器电子系统质量评估的指标进行了基于熵权的“区分度”指标优化验证。

3.2 质量评估指标体系的建立

某武器电子系统质量检测的流程如图 3.1 所示。单元测试是总装测试的基础，部件联试和分系统联试是整体测试的辅助模拟，因此，整体测试的结果决定了整个武器电子系统的质量状况，在质量检测过程中占主导地位。另外，武器电子系统的整体测试环节涉及各个子系统，包含信息量大，理论研究具有通用性，便于质量评估系统在整个质量检测环节中的实现。因此，本书中武器电子系统指标体系的建立及后续的理论研究都是在整体测试这一环节上进行的。

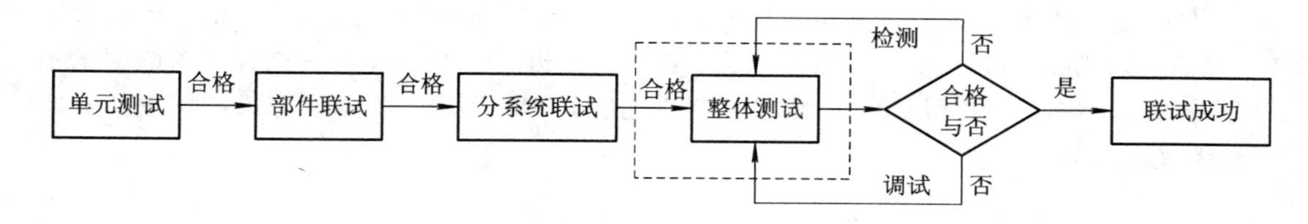

图 3.1　电子装备质量检测流程图

3.2.1　质量评估指标体系建立准则

本节根据武器电子系统研制、使用的特点，在已有武器电子系统测量指标的基础上归纳总结了武器电子系统指标建立和优化准则，以期为武器电子系统其他子系统指标体系的建立提供理论指导。

（1）全面性与独立性相结合原则：武器电子系统结构复杂，由诸多要素组成，评估指标体系应从系统的角度，综合地反映被评估对象的整体情况，保证综合评估的全面性与可信度。因此，在功能上各项指标 U_i 应该满足评价总目标 U 数学意义上的“覆盖”，即 $U_1 \cup U_2 \cup \cdots = U$。同时，指标体系中的指标之间应尽可能保持相互独立，减少指标内涵的重叠度，否则就会造成评估内容的重复，影响整个评价的科学性。按照层次结构观点[20]，各项指标除了满足评价总目标 U 数学意义上的“覆盖”外，还要满足数学意义上的“划分”，即 $U_i \cap U_j = \phi (i, j=1, 2, \cdots, i \neq j)$。

（2）动态与静态相结合的原则：军事测量和评估技术在不断发展，评估指标体系要随之作相应调整，所选的指标也应该具有动态性与稳定性相结合的特点。因此，担负检测任务的部队要与生产厂和设计人员建立信息反馈良性互动，使指标的建立在动态过程中反复平衡，确保评估指标能科学地反映武器电子系统质量信息。

（3）定性与定量相结合的原则：武器电子系统的质量评估不同于其他客体的质量评估，它要求稳健可靠的评估结果，而评估结果的稳健性需要多源数据的支持。在质量评估过程中，信息源交织存在着精确与模糊、可测度与不可测度多种情况，对整个系统的质量描述无法只用数量化、符号化的定量指标，故应结合专家对定性指标的评判，通过信息融合技术，实现全面、准确的质量评估。

（4）优化与满意相结合的原则：武器电子系统涵盖的物理参数众多，在方法的适解性和问题的可解性上必然具有多样化的特征[21]，而且在现实中也不存在严格意义上的指标最优概念，所以在进行指标分析优化时，应以寻求满意指标为主，不要过于强求最优指标。

3.2.2　质量评估指标体系的建立

武器电子系统是武器装备的核心部件，是一个多因素的复杂系统，包含多种不确定因素。因此，在进行质量评估指标建立时，依据现有测试设备的测量指标[22]，把组成武器电子系统的部、组件的指标建立作为重点，依据层次分析法[23]将质量评估指标体系的因素集合划分为三个层次：目标层A、准则层C与措施层D，出于保密考虑，本书不再赘述，具体可参考文献[23]。

3.3 指标体系优化中的相关问题分析

3.3.1 合理优化指标的重要意义

对武器电子系统进行分析与评估在很大程度上是依靠系统的一些要素指标进行的，合理的指标优化是武器电子系统进行科学评估的前提和基础。用指标体系去描写综合性的目标，其关键之处在于寻求一组具有典型代表意义且能全面反映综合目标要求的特征指标[24]。而对于特殊武器系统电子系统来说，指标优化可以缩短检测评估时间，为应急情况下的军事斗争准备争取主动。因此，科学合理的指标优化具有非常重要的意义，具体表现如下：

（1）合理的指标优化可以防止指标泛滥，避免评价结构失真。片面追求指标体系的全面性，试图使评估指标体系包含所有的因素，然而评估指标过多，一方面会引起决策者判断上的错觉和混乱，增加决策者的负担；另一方面会导致其他指标的权值减小，造成评估结果失真。

（2）合理的指标优化可以保证评价指标体系的有效性和评估结果的稳健性。目前各个领域内的评估指标体系层出不穷，研究者往往根据经验来进行选择，主观性太强，缺乏科学性和严密性，从而影响了指标体系和评估结果的有效性。作为稳健性要求极高的武器电子系统评估，指标的优化问题就变得非常有必要了。

（3）合理的指标优化对武器电子系统质量评估有重要的军事意义。武器电子系统待检参数众多，在常规评估过程中，可以逐一检测，进行全方位的性能维护，而在紧急情况下(战时)，选取信息量大、代表性强的指标可以缩短检测时间，提高评估效率，为战局主动赢得宝贵时间。因此，实现评估指标在常规状态和战备状态中的区分优化就显得尤为重要了。

综上所述，不难看出评价指标体系的优化设置变得越来越重要，因此，正确、合理选择有代表性、可比性、独立性、信息量大的指标是构建高效、系统的评价指标体系的关键。因此，指标应在尽可能简约的基础上，实现评估结果在显示差异、看到成效、追溯原因上的三大功能。

作为武器的核心部件，电子系统质量评估的指标体系要适应多条件下的军事斗争需要，从指标体系的建立到指标体系的优化应遵循一套科学的评审标准和步骤，坚持控制风险和规避风险的原则。武器电子系统质量评估指标体系优化过程可以分为图 3.2 所示的四大步骤。

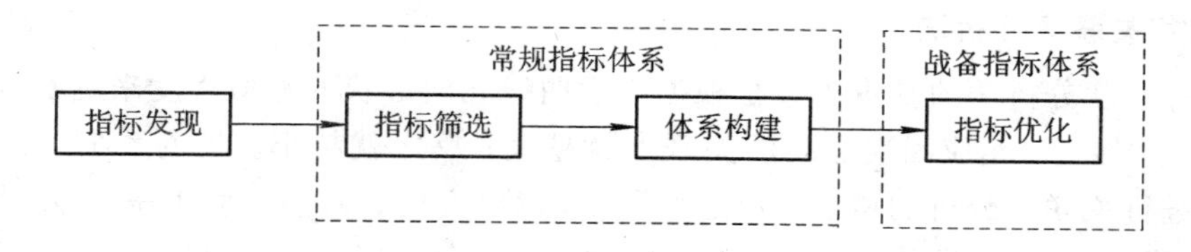

图 3.2　指标优化流程图

3.3.2　指标优化的相关方法

关于指标的优化问题，国内外许多专家学者进行了大量的研究工作，除了主观偏好的筛选以外，在客观方面的理论研究成果大都集中在消除指标的相关性方面。目前，消除指标相关关系的基本方法有[25-29]主成分分析法、灰色关联度分析法、聚类分析法和粗糙集理论分析法。

1. 主成分分析法

主成分分析也称主分量分析，是一种常用的多元统计方法。主成分分析，旨在利用降维的思想，在力保数据信息丢失最少的原则下，利用数学变换的方法对高维变量空间进行降维处理。

设指标体系构建过程中现有 m 个指标 x_1，x_2，…，x_m，通过主成分分析法求得的新指标 y_1，y_2，…，y_p 均是 x_1，x_2，…，x_m 的线形组合($m \geqslant p$)：

$$\begin{cases} y_1 = u_{11}x_1 + u_{12}x_2 + \cdots + u_{1m}x_m \\ y_2 = u_{21}x_1 + u_{22}x_2 + \cdots + u_{2m}x_m \\ \quad\vdots \\ y_p = u_{p1}x_1 + u_{p2}x_2 + \cdots + u_{pm}x_m \end{cases} \text{或写成 } \boldsymbol{Y} = \boldsymbol{U}^{\mathrm{T}}\boldsymbol{X} \tag{3.1}$$

其中

$$\boldsymbol{U} = \begin{bmatrix} u_{11} & u_{21} & \cdots & u_{p1} \\ u_{12} & u_{22} & \cdots & u_{p2} \\ \vdots & \vdots & & \vdots \\ u_{1m} & u_{2m} & \cdots & u_{pm} \end{bmatrix} = (U_1, U_2, \cdots, U_p), \boldsymbol{Y}_i = \boldsymbol{U}_i^{\mathrm{T}}\boldsymbol{X} \tag{3.2}$$

式(3.1)中，y_j 为第 j 个主成分，$D(y_j)=\lambda_j$，$\boldsymbol{L}_j=(L_{1j}, L_{2j}, \cdots, L_{pj})^{\mathrm{T}}$ 为相关矩阵 $\boldsymbol{R}$ 的特征值 λ_i 所对应的单位特征向量，且有 $\lambda_1 > \lambda_2 > \cdots > \lambda_p > 0$。

当 λ_p 非常小时，有 $\max(L_{ip})=L_{kp}$，此时删除原指标 x_k，然后重新对原指标变量 x_1，x_2，…，x_{k-1}，x_{k+1}，…，x_n 进行主成分分析。重复上述步骤，最后得到简化了的原始指标集，设为 $x=\{x_1, x_2, \cdots, x_l\}$，且 $m \geqslant l$。因此，主成分分析法在减弱指标相关性的基础上实现了指标个数的减少(优化)。

2. 灰色关联度分析法

灰色关联度分析法的基本思想是根据因素曲线几何形状的相似程度来判断其联系是否紧密，曲线越接近，相应因素之间的关联度就越大；反之就越小。灰色系统理论提出了对各子系统进行关联度分析的概念，通过变化的态势(方向、大小、速度等)，去寻求系统中各子系统(指标)之间的数值关系(关联度)。因此，灰色关联度分析法对于一个系统发展变化态势提供了量化的度量，非常适合动态历程分析。

对有 n 个要素(指标)，每个要素有 m 个特征数据的系统，其指标可表示为

$$\boldsymbol{x}_i^0(k) = \{x_i^0(1), x_i^0(2), \cdots x_i^0(m)\} \qquad i = 1, 2, \cdots, n$$

为消除不同指标的量纲，使各指标间具有可比性，对原始数据采用初值化方法做归一化处理：

$$\boldsymbol{x}_i(k) = \left\{\frac{x_i^0(1)}{x_i^0(1)}, \frac{x_i^0(2)}{x_i^0(1)}, \cdots, \frac{x_i^0(m)}{x_i^0(1)}\right\} \qquad i = 1, 2, \cdots, n, k = 1, 2, \cdots, m \tag{3.3}$$

任何两个要素(指标)之间的关联系数为

$$\gamma(x_i(k), x_j(k)) = \frac{\min\limits_i \min\limits_k |x_i(k) - x_j(k)| + \xi \max\limits_i \max\limits_k |x_i(k) - x_j(k)|}{|x_i(k) - x_j(k)| + \xi \max\limits_i \max\limits_k |x_i(k) - x_j(k)|} \tag{3.4}$$

得到了关联系数后，由于其数据多，信息分散而不利于比较。为此，将各时刻的关联系数求平均值，记为 $\gamma(x_i, x_j) = \dfrac{1}{m}\sum\limits_{k=1}^{m}\gamma(x_i(k), x_j(k))$，并依次进行相关性分析，进而筛选独立性强的指标。

3. 聚类分析法

聚类分析是实用多元统计分析的一个新的分支，其功能是建立一种分类方法，将一批变量或指标按照它们在性质上的亲疏、相似程度进行分类。根据一批样品(指标体系)的多个观测指标(测量值)，具体找出一些能够度量样品或指标之间的相似程度的统计量，以这些统计量作为划分类型的依据，把一些相似程度较大的样品(或指标)聚合为一类，把另外一些彼此之间相似程度较小的样品(或指标)又聚合为另外一类。依此类推，关系密切的聚合到一个小的分类单位，关系疏远的聚合到一个大的分类单位，直到把所有的样品(或指标)都聚合完毕，把不同的类型一一划分出来，形成一个由小到大的分类系统，从而实现目标简化。

4. 粗糙集理论分析法

粗糙集(Rough Sets，也称粗集、Rough 集)理论是由波兰华沙理工大学 Pawlak 教授于 20 世纪 70 年代初提出的一种研究不完整、不确定知识和数据的表达、学习、归纳的理

论方法。该理论提出的核、约简和上下近似等概念提供了从系统中分析多余属性的方法，利用粗糙集理论中的核与约简可以对复杂系统的指标进行优化，从而达到简化指标体系的目的。

综上所述，许多学者从不同的角度对指标优化这一问题做了大量的研究，也取得了许多的研究成果，但是，到目前为止大多数研究成果都集中在非军事领域，也有使用条件限制，如主成分分析法要求评价对象的个数(测量次数)要大于指标的个数。基于此，下节提出了基于熵权的“区分度”指标优化的方法。

3.4　基于熵权的区分度在指标优化中的应用

3.4.1　熵权原理及其性质

熵的概念最初产生于热力学，用来描述运动过程的一个不可逆现象，后来在信息论中用熵来表示事物出现的不肯定性，将熵作为不确定性的度量[30]。熵可以表示为

$$H(p_1, p_2, \cdots, p_n) = -k\sum_{i=1}^{n}[p_i\ln(p_i)]$$

式中，p_i为相应概率。

若熵满足以下三个条件：

(1) $H(p_1, p_2, \cdots, p_n) \leqslant H\left(\frac{1}{n}, \frac{1}{n}, \cdots, \frac{1}{n}\right)$

(2) $H(p_1, p_2, \cdots, p_n) = H(p_1, p_2, \cdots, p_n, 0)$

(3) $H(AB) = H(A) + H\left(\frac{B}{A}\right)$

则熵有唯一表达形式：

$$H(p_1, p_2, \cdots, p_n) = -k\sum_{i=1}^{n}[p_i\ln(p_i)] \tag{3.5}$$

指标之间在“竞争”意义上的相对激烈性，是以信息论中有用信息的多寡来平衡指标间权重关系，即熵值越大，熵权越小，反之亦然。因此可用信息熵所获系统信息的有序度来确定指标权重，它能消除各指标权重计算时的人为干扰，使评价结果更客观。

在有 m 个评价指标，n 个方案的评标问题(以下简称(m, n)评标问题)中，规范化矩阵$\boldsymbol{R}=(r_{ij})_{n\times m}$为

$$\boldsymbol{R} = \begin{bmatrix} r_{11} & r_{12} & \cdots & r_{1m} \\ r_{21} & r_{22} & \cdots & r_{2m} \\ \vdots & \vdots & & \vdots \\ r_{n1} & r_{n2} & \cdots & r_{nm} \end{bmatrix} \tag{3.6}$$

依据正、负指标和适度指标对 $\boldsymbol{R}=(r_{ij})_{n\times m}$ 进行无量纲处理，得矩阵 $\dot{\boldsymbol{R}}=(\dot{r}_{ij})_{n\times m}$。

定义 3.1 (m, n)评标问题，第 i 个评价指标的熵定义为

$$H_i=-k\sum_{j=1}^{n} f_{ij}\ln f_{ij} \qquad i=1, 2, \cdots, m \tag{3.7}$$

式中

$$f_{ij}=\frac{\dot{r}_{ij}}{\sum_{i=1}^{n}\dot{r}_{ij}} \qquad k=\frac{1}{\ln n}$$

定义 3.2 在(m, n)评标问题中，第 i 个指标的熵权定义为

$$w_i=\frac{1-H_i}{\sum_{i=1}^{m}(1-H_i)} \qquad 0\leqslant w_i\leqslant 1,\ \sum_{i=1}^{m}w_i=1 \tag{3.8}$$

由上述定义以及熵函数的性质可以得到如下熵权的性质：

(1) 各被评价对象在指标 j 上的值完全相同时，熵值达到最大值 1，其熵权为 0，说明该指标未向决策者提供任何有用信息，该指标可以考虑被取消。

(2) 各被评价对象在指标 j 上的值差值越大，则熵值越小，熵权较大，意味着该指标向决策者提供了有用的信息。如果各对象在该指标上差异越明显，则应重点考察。

(3) 指标的熵越大，其熵权越小，则该指标越不重要。

(5) 从信息角度看，熵权代表该指标在该问题中提供有用信息量的多寡程度。

(4) 作为权数的熵权，有其特殊意义。它并不是在决策或评估问题中某指标在实际意义上的重要度系数，而是在各种评价指标值均确定的情况下，各个指标在竞争意义上的相对激烈程度系数。

3.4.2 武器电子系统指标体系优化模型的构建

基于以上分析可得：

(1) 熵权并不是指标实际意义上的重要度系数，用熵权思想直接进行指标赋权存在着很大的不足；

(2) 从信息论角度考虑，熵权代表该指标在评价(评估)问题中提供有用信息量的多寡程度，可以反映一个指标对被评价(评估)对象区分能力的大小。

基于此，本节拟构建一个以熵思想为核心，基于熵权“区分度”的指标优化模型，为武器电子系统质量评估指标体系在常规和战备中的区分优化提供可靠的理论依据。

熵权值的大小与该指标所提供有用信息量的大小成正比，因此可以直接用熵权值来度量指标区分度。熵权的取值范围为 $0\leqslant w_i\leqslant 1$，且 $\sum_{i=1}^{m}w_i=1$，如果同一层次指标过多，则计算出的熵权值比较接近，可能会影响到指标优化的决策。由式(3.7)和式(3.8)可得，指

标的熵值与熵权大小是成反比的，且熵值 H_i 满足 $0 \leqslant H_i \leqslant 1$。假如用两者的比值 w_i/H_i 作为指标"区分度"的量化，则可以实现对相对熵权值(区分度)的放大。

基于以上分析，现定义指标"区分度"ρ 的定义如下：

定义 3.3　评价指标的"区分度"：在(m, n)评价问题中，若第 i 个指标的熵值为 H_i，熵权值为 w_i，则该指标的"区分度"可定义为

$$\rho_i = \frac{w_i}{H_i} = \frac{1 - H_i}{\left[\sum_{i=1}^{m}(1 - H_i)\right] H_i} = \frac{1 - H_i}{(m - \sum_{i=1}^{m} H_i) H_i} \tag{3.9}$$

式中，$H_i = -k\sum_{j=1}^{n} f_{ij}\ln f_{ij}$，$i = 1, 2, \cdots, m$。

基于以上指标"区分度"定义，我们针对武器电子系统质量评估指标体系在优化过程中的实际应用进行了可行性分析：

(1) 数值分析。在武器电子系统质量评估的指标评价体系构建的过程中，不会出现某个指标的熵值 $H_i=0$ 或 $H_i=1$ 的情况。若指标熵值 $H_i=0$，意味着只需要一个指标就能够提供全部的信息量；若 $H_i=1$，意味着该指标对被评估对象没有提供有用信息。以上两种情况与现实情况是相悖的，故"区分度"的计算公式都是有意义的。

(2) 角色分析。在定义(m, n)评价问题中，m 代表评价指标的个数，n 代表评价方案的个数；而在武器电子系统质量评估指标体系优化中，m 代表同一层次下待优化指标的个数，n 代表待优化指标的历史测量次数。通过这一角色转变后就可以实现优化模型的"对号入座"。

(3) 权衡分析。在指标"区分度"和"重要度"趋于一致的情况下，即该指标对评估对象不仅非常重要(专家层面)，而且具有很强的区分能力，这样的指标必定是最理想的指标。但对于武器电子系统来说，系统由大量电子元器件及芯片集成，器件老化、退化等不稳定因素很多。因此，测量值波动大的指标对系统性能的影响就显得尤为突出，也必然成为检测的重点指标(战备指标)，而指标"区分度"则恰恰能实现对上述指标的辨别。

(4) 阈值分析。要想进一步实现对评价指标的合理优化，必须根据"区分度"制定相应的优化标准。依据 0.6 是武器使用和评价中可接受的最低质量评估结果最低可检指标率[31]，我们可通过各个指标的"区分度"值实现同层次指标的排序，并以武器电子系统同层次指标的 60%进行筛选优化。

(5) 分类分析。在武器电子系统中，依据地测设备所建立的指标为常规指标，而通过"区分度"优化后的指标称为战备指标。实行指标区分优化后，我们就可以对武器电子系统的质量评估实现平时细测全面评估，战时粗测关键评估，为日常维护和把握战局提供可靠的手段。

综上所述，设在武器电子系统某层次评估指标体系的构建过程中，有 m 个初建评估指

标，对此进行了 n 次测量(历史和当前)，在“区分度”测度下，需要对指标进行筛选优化，将指标数量减少到 k 个($k<m$)，具体步骤如下：

(1) 建立评价矩阵。

$$\boldsymbol{R}=\begin{bmatrix} r_{11} & r_{12} & \cdots & r_{1m} \\ r_{21} & r_{22} & \cdots & r_{2m} \\ \vdots & \vdots & & \vdots \\ r_{n1} & r_{n2} & \cdots & r_{nm} \end{bmatrix}$$

(2) 对矩阵元素进行无量纲化处理。

$$\dot{\boldsymbol{R}}=(\dot{r}_{ij})_{n\times m}$$

(3) 计算每个指标的熵值。

$$H_i=-k\sum_{j=1}^{n} f_{ij}\ln f_{ij} \qquad i=1, 2, \cdots, m$$

$$f_{ij}=\frac{\dot{r}_{ij}}{\sum\limits_{i=1}^{n}\dot{r}_{ij}} \qquad k=\frac{1}{\ln n}$$

(4) 计算每个指标的熵权值。

$$w_i=\frac{1-H_i}{\sum\limits_{i=1}^{m}(1-H_i)} \qquad 0\leqslant w_i\leqslant 1,\ \sum_{i=1}^{m}w_i=1$$

(5) 计算每个指标的“区分度”值。

$$\rho_i=\frac{w_i}{H_i}=\frac{1-H_i}{(m-\sum\limits_{i=1}^{m}H_i)H_i}$$

(6) 依据“区分度”值进行排序，选取排在前面的 k 个指标，组成战备指标库。

3.5 基于武器电子系统指标体系优化的算例分析

武器电子系统是武器系统的重要组成部分，其性能好坏直接影响到武器的整体性能。电子系统作为武器上的一个重要电子类部件，一方面，质量检测参数多，检测耗费大量时间，影响电子装备整体应急反应能力；另一方面，元器件的参数随时间会发生缓慢变化，稳定指标与不稳定指标单次检测难以发现，造成应急情况下指标难以“区分”优化。因此，将性能不稳定的指标作为检测重点，对武器电子系统指标的优化乃至整个质量检测过程有着重要的军事意义。

以武器电子系统为例，某次检测数据与前几次检测数据的量化指标如表 3.1 所示，为保密起见，表中未出现指标原始值，只出现指标的规范量化值。

表 3.1　武器电子系统性能检测指标量化值

次数＼指标	指标 1	指标 2	指标 3	指标 4	指标 5	指标 6	指标 7	指标 8
当前测量	0.823	0.640	0.602	0.811	0.651	0.732	0.764	0.884
历史测量 A	0.756	0.705	0.806	0.698	0.816	0.860	0.609	0.793
历史测量 B	0.881	0.861	0.759	0.908	0.944	0.608	0.802	0.838
历史测量 C	0.913	0.804	0.922	0.712	0.825	0.855	0.924	0.826

指标优化的计算步骤如下：

（1）构建无量纲化矩阵 $\dot{\boldsymbol{R}}=(\dot{r}_{ij})_{n\times m}$。

$$\dot{\boldsymbol{R}}=\begin{bmatrix} 0.823 & 0.640 & 0.602 & 0.811 & 0.651 & 0.732 & 0.764 & 0.884 \\ 0.756 & 0.705 & 0.806 & 0.698 & 0.816 & 0.860 & 0.609 & 0.793 \\ 0.881 & 0.861 & 0.759 & 0.908 & 0.944 & 0.608 & 0.802 & 0.838 \\ 0.913 & 0.804 & 0.922 & 0.712 & 0.825 & 0.855 & 0.924 & 0.826 \end{bmatrix}$$

（2）计算每个指标的熵值。

$$H_i=-k\sum_{j=1}^{n}f_{ij}\ln f_{ij}$$

式中：

$$f_{ij}=\frac{\dot{r}_{ij}}{\sum_{i=1}^{n}\dot{r}_{ij}}$$

$$\boldsymbol{H}_i=(0.981\quad 0.954\quad 0.963\quad 0.942\quad 0.920\quad 0.923\quad 0.913\quad 0.992)$$

（3）计算每个指标的熵权值。

$$w_i=\frac{1-H_i}{\sum_{i=1}^{m}(1-H_i)}$$

$$\boldsymbol{w}_i=(0.046\quad 0.113\quad 0.089\quad 0.141\quad 0.194\quad 0.187\quad 0.211\quad 0.019)$$

（4）计算每个指标的“区分度”。

$$\rho_i=\frac{w_i}{H_i}=\frac{1-H_i}{(m-\sum_{i=1}^{m}H_i)H_i}$$

$$\boldsymbol{\rho}_i=(0.112\quad 0.274\quad 0.216\quad 0.342\quad 0.471\quad 0.454\quad 0.512\quad 0.046)$$

（5）对“区分度”值进行排序。

（6）优化分析，实现常规指标与战备指标的区分。依据武器最低可检指标率和“区分度”值排序，指标 3、指标 1、指标 8 的“区分度”测度值低（稳定性强），可从常规指标中剔除，从而实现指标在常规状态和战备状态的优化区分。

综上所述，基于“区分度”的测度模型实现了武器电子系统的指标优化，作为在同一层次下“区分度”值较低的指标 3、指标 1、指标 8 三个指标，其测量值的稳定反映了与之相关的电子元件的稳定，这也与在部队调研时的结果相吻合。因此，用除去指标 3、指标 1、指标 8 三个指标外的另外五个指标作为战备指标是合理的。

3.6 本章小结

本章以武器电子系统质量评估指标体系优化作为理论研究的背景，简要介绍了武器电子系统指标体系建立的通用准则，并在分析武器电子系统质量检测流程的基础上建立了总装测试的指标体系；结合武器电子系统质量评估指标优化的实际意义，从熵权的角度出发，在分析熵权应用于指标赋权的不合理性的基础上，引出了熵权在指标可区分性上的度量价值，结合部队实际需求，构建了基于“区分度”的优化模型，实现了指标在常规状态和战备状态中的区分优化。最后，对武器电子系统质量评估的指标进行了基于“区分度”的优化实例分析，验证了本章算法的可行性及有效性。

第 4 章

基于重要度与区分度的质量评估指标权重的分化设计

4.1 引　　言

在质量评估中，确定各指标的权重是十分关键的一环，也是质量评估研究的重点。由于各指标的属性内容不同，它们从不同侧面反映系统的特点对评估总体的重要程度是不一样的。因此，如何根据问题的特性实时地确定出各项指标的权重关系到评估结果是否科学合理。本章针对武器电子系统质量评估的实际特点，提出了基于分辨系数的主观赋权法和基于最优权系数的组合赋权法，主要包括以下内容：

(1) 针对判断矩阵的一致性只能确定指标重要程度的排序关系，而不能确定指标的优先权重的问题，基于目标规划原理，在引入决策者分辨能力系数的基础上，实现了模糊判断矩阵指标优先权重的计算，为武器电子系统的静态质量评估奠定了理论基础。

(2) 基于离差函数和最小二乘原理，提出了一种新的组合赋权方法。利用最优组合准则给出了最佳组合权重的线性表达形式，并用广义一致性准则和 TOPSIS 法来求解最优组合权重系数。这种既能兼顾主客观赋权法优点，又能摆脱现有组合赋权缺点的全新组合赋权方法为武器电子系统的动态质量评估做了科学的铺垫。

(3) 基于武器电子系统指标权重的具体应用和基于等级相关系数的兼容度分别对上述两种算法进行了实例分析。

4.2 指标赋权相关理论方法研究

指标赋权不仅是指标体系构建过程中的难点，也一直是众多决策领域专家学者们关注和研究的热点，指标权重计算的合理与否将会直接影响到评估结果是否准确。因此，在实际的武器电子系统质量评估过程中，如何兼顾各种方法的优缺点，使得质量评估的结果更加符合客观情况，是必须考虑的问题。

4.2.1　指标赋权的相关方法

纵观各指标体系的赋权过程，根据评价者的主观差异和指标间客观差异，权重确定的方法大体可以分为三大类[32]：一是基于“功能驱动”原理的赋权法；二是基于“差异驱动”原理的赋权法；三是综合集成赋权法。

1. 基于“功能驱动”原理的赋权法

基于“功能驱动”原理的赋权法（主观赋权法）实质上是根据评估指标的相对重要程度来分配权重，其原始数据由专家依据经验和对实际的判断主观给出。其代表性的方法有Delphi法、集成迭代法、AHP法。

以上方法虽然计算步骤不尽相同，但有如下共同特征：

（1）主观随意性大，即赋权结果与评价者（专家）的知识结构及偏好有关。

（2）不能确定各指标的权重系数，但可以有效地确定各指标按重要程度给定的权系数的先后顺序，不至于出现权重与指标实际重要程度相悖的情况。

（3）在一定的时间区间内，权重具有保序性和可继承性。

总之，基于“功能驱动”原理的赋权法是一类主观性较强、基于决策者（专家）主观意向的“求大同存小异”的方法。

2. 基于“差异驱动”原理的赋权法

为了克服基于“功能驱动”原理的赋权法（主观赋权法）的不足，人们又研究了基于“差异驱动”原理的赋权法。该方法从客观的统计数据出发，根据各个指标提供的信息量大小来确定权重，它完全摒弃了权重系数的主观影响。常用的方法有突出整体差异的“拉开档次”法和突出局部差异的均方差法、极差法和熵值法。其共同特征如下：

（1）权重系数主观性强，具有较强的数学理论依据，便于计算机处理。

（2）只从数值的变化规律上做文章，严重脱离了指标对被评价对象的重要性，往往会造成权重系数与人们的主观愿望和实际情况不一致的情况。

（3）确定的权重不具有保序性和可继承性。

3. 综合集成赋权法

基于“功能驱动”原理的赋权法（组合赋权法）虽然反映了评价者（专家）的主观判断或直觉，但客观性差，即可能受到评价者的知识或经验的影响；而基于“差异驱动”原理的赋权法，虽然通常利用比较完善的数学理论与方法，但忽视了决策者的主观信息，不能体现决策者对不同指标的重视程度。因此，许多学者开始把研究方向转向了两者的结合，取优补劣，于是出现了组合集成赋权法。

现有的组合集成赋权法是在综合上述两种赋权法的基础上研究而来的复合型赋权方

法，从其具体形式上来看其实就是上述赋权法两两或多者之间的组合，按照其组合的方法可以分为“加法”集成法、“乘法”集成法和改进型的“拉开档次”法。组合集成赋权法确实克服了上述赋权法的缺陷，实现了实际意义上的“中和”。但是，从组合集成赋权法的原理我们可以看出，这种所谓的“中和”其实是一种非常机械的累加，两者之间的加权系数到底是多少才能算是合理呢？目前尚未有定论[33]。

4.2.2　基于武器电子系统质量评估指标赋权的改进方向

在武器电子系统质量评估的过程中，我们不仅要实现单次检测的横向质量评估(静态评估)，而且还要实现多次检测(历史检测和当前检测)的纵向评估(动态评估)，而在静态评估和动态评估的过程中，指标权重所处的地位是不同的。静态评估中的权重是指标重要程度的表征量，只有确立各个指标的权重系数，才能得到“实实在在”的评估结果；而动态评估则是依据各个指标提供的信息量，综合多次测量，进行质量优劣的“多属性决策”，因此，权重应该既能反映指标的重要程度，又能体现指标提供的信息量大小。指标权重在武器电子系统质量评估中的功能如图 4.1 所示。

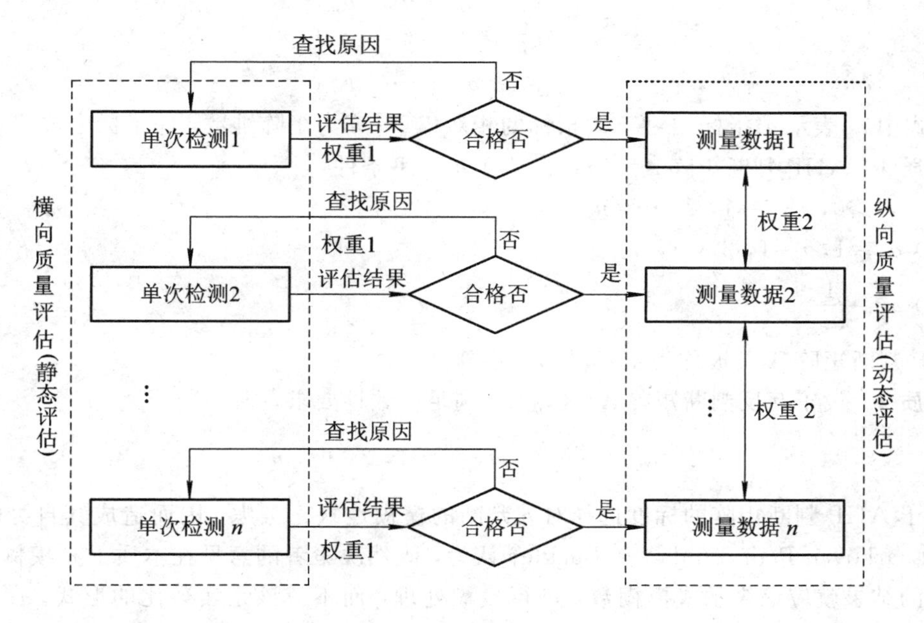

图 4.1　指标权重在武器电子系统质量评估中的功能示意图

综合以上分析，选择合适的赋权方法对于武器电子系统质量评估结果的准确性将有直接影响。因此，如何基于“功能驱动”原理确定各指标的权重系数实现武器电子系统静态评估，如何基于综合集成赋权原理确定最优加问题展开具权系数以及实现武器电子系统动态评估，将成为指标权重改进的重点。

4.3 基于专家分辨系数的主观权重设计模型研究

4.3.1 层次分析法(AHP 法)简介

层次分析法的主要思想是：根据研究对象的性质将要求达到的目标分解为多个组成因素，并按因素间的隶属关系将其层次化，通过两两比较的方式确定层次中各因素的相对重要性，然后依据判断矩阵来决策各因素相对重要性的排序。在决策过程中，AHP 判断矩阵和模糊判断矩阵符合人们的认知思维，成为分析法中的主导矩阵模型。

1. AHP 判断矩阵及其性质[23]

将各指标之间进行比较并得到量化的 AHP 判断矩阵，具体形式如下：

$$\mathbf{A}=\begin{bmatrix} a_{11} & a_{12} & \cdots & a_{1n} \\ a_{21} & a_{22} & \cdots & a_{2n} \\ \vdots & \vdots & & \vdots \\ a_{n1} & a_{n2} & \cdots & a_{nn} \end{bmatrix} \tag{4.1}$$

式中，式中 a_{ij} 表示 a_i 指标相对于 a_j 指标的相对权重；n 为矩阵维数，即指标个数。

性质 1 AHP 判断矩阵 $\mathbf{A}=(a_{ij})_{n\times n}$，满足以下条件：

(1) $a_{ij}>0$，$i, j=1, 2, \cdots, n$。

(2) $a_{ii}=1$，$i=1, 2, \cdots, n$。 (4.2)

(3) $a_{ij}=\dfrac{1}{a_{ji}}$。

故 AHP 判断矩阵 **A** 又被称为正互反判断矩阵。

性质 2 设正互反判断矩阵 $\mathbf{A}=(a_{ij})_{n\times n}$ 满足一致性要求，则

$$a_{ij}=\frac{a_{ik}}{a_{jk}} \qquad i, j=1, 2, \cdots, n \tag{4.3}$$

由于 AHP 判断矩阵的标度选择对人判断的模糊性缺乏考虑，因而造成其自身的严重缺陷。Laarhoven-Pedryczml[34] 和 Buckley 认为，既然决策者的意见在本质上是模糊的，两两比较的结果就应该表示成模糊数，进行模糊处理，而不应该是实数比的形式。因此，对 AHP 的模糊扩展是非常有必要的[35]。

2. 模糊判断矩阵及其性质[36]

模糊判断矩阵元素标度的选择一般采用最常用的 0.5～0.9 标度法，表 3.1 给出了互补判断矩阵的 0.5～0.9 标度的含义。

表 4.1　模糊判断矩阵的 0.5～0.9 标度

标度	定义	含义
0.5	同样重要	表示两个指标相比，同等重要
0.6	稍微重要	表示两个指标相比，一个指标比另一个指标稍微重要
0.7	明显重要	表示两个指标相比，一个指标比另一个指标明显重要
0.8	强烈重要	表示两个指标相比，一个指标比另一个指标强烈重要
0.9	极端重要	表示两个指标相比，一个指标比另一个指标极端重要
上列互不标度	反比较	指标 A_i 对指标 A_j 的标度为 a_{ij}，反之为 $1-a_{ij}$

性质 3　模糊判断矩阵 $\boldsymbol{P}=(p_{ij})_{n\times n}$，满足以下条件：

(1) $p_{ii}=0.5$，i，$j=1$，2，…，n。

(2) $p_{ij}+p_{ji}=1$，i，$j=1$，2，…，n。　(4.4)

模糊矩阵 $\boldsymbol{P}$ 又称为模糊互补判断矩阵。

性质 4　设 $\boldsymbol{P}$ 为模糊互补判断矩阵，若对任意 $k(k=1, 2, \cdots, n)$均有

$$p_{ij} = p_{ik} - p_{jk} + 0.5 \qquad i, j = 1, 2, \cdots, n \tag{4.5}$$

则称 $\boldsymbol{P}$ 为模糊一致判断矩阵。

K 因子检验方法由 Herman[37] 于 1996 年提出，该方法不涉及随机因素且易于用计算机语言实现，是目前模糊判断矩阵一致性检验最简洁有效的方法，其算法如下：

(1) 给定模糊判断矩阵 $\mathbf{A}=(a_{ij})_{n\times n}$，用特征向量法求解矩阵 $\mathbf{A}$ 的 $\lambda_{\max}(A)$及对应特征向量 $\boldsymbol{W}=(w_1, w_2, \cdots, w_n)^{\mathrm{T}}$。

(2) 计算因子 $K(A)$。

$$K(A) = \frac{1}{2}[1-\lambda_{\max}(A) + \sqrt{(\lambda_{\max}(A)-1)^2+4n}]$$

(3) 若 $K(A)\geqslant K_0$。则 $A=(a_{ij})_{n\times n}$具有满意一致性，进行下一步骤，否则需要重新调整 $A=(a_{ij})_{n\times n}$，调整方法可参考文献[36，37]，并返回步骤(1)。

(4) 输出 $\lambda_{\max}(A)$、$K(A)$、$W=(w_1, w_2, \cdots, w_n)^{\mathrm{T}}$。其中 K 为判别阈值，Herman 取 $K_0=0.9$。

模糊判断矩阵一经提出，就得到了迅速的发展，其排序理论和一致性检验一直是该研究领域最为重要的课题。尽管模糊判断矩阵排序理论方法体系已经比较完善，但权重系数的确定一直无法得到有效的解决[36]。

4.3.2　基于专家分辨系数指标权重模型的构建

综合以上分析，结合指标权重在武器电子系统静态评估中的作用(见图 4.1)，提出了

一种以模糊判断矩阵扩展理论为基础，基于专家分辨系数的赋权法。该算法不仅物理意义明确，而且实现了对指标权重系数的计算。模型如图 4.2 所示。

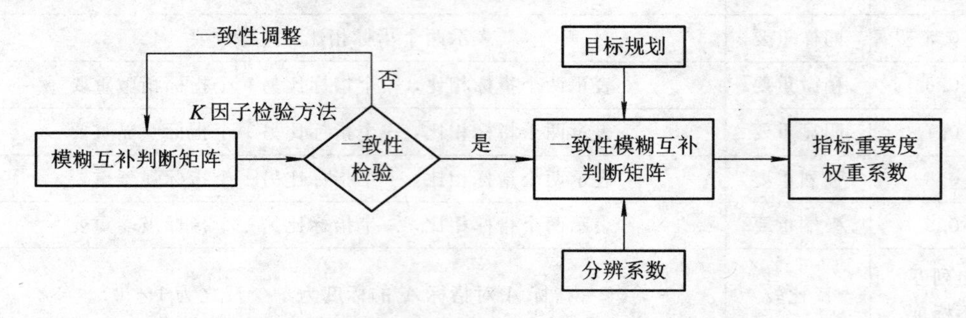

图 4.2 基于专家分辨系数的指标权重模型示意图

引理 4.1[37] 互反判断矩阵 $\boldsymbol{A}=(a_{ij})_{n\times n}$ 为一致性判断矩阵的充分必要条件是，存在正的归一化向量 $\boldsymbol{W}=(w_1, w_2, \cdots, w_n)^{\mathrm{T}}$ 及 α 且 $\alpha > \dfrac{1}{\min(\prod_{k=1}^{n} a_{ik})}$，使得

$$a_{ij} = \alpha^{w_i - w_j} \quad i, j \in n \tag{4.6}$$

引理 4.2 揭示了互反判断矩阵的元素与优先权重之间新的辑逻关系，为层次分析法中确定指标优先权重提供了一种新的途径。

引理 4.3[38] 指标权重 $\boldsymbol{w}=(w_1, \cdots, w_n)^{\mathrm{T}}$，$\forall i, j\in I$，互补判断矩阵 $\boldsymbol{P}=(p_{ij})_{n\times n}$ 与正互反判断矩阵 $\boldsymbol{A}=(a_{ij})_{n\times n}$ 在以下转换意义下是等价的：

$$a_{ij} = f(w_i - w_j) \quad 或 \quad p_{ij} = f\left(\frac{w_i}{w_j}\right) \tag{4.7}$$

定理 4.1 模糊互补判断矩阵 $\boldsymbol{P}=(p_{ij})_{n\times n}$ 为一致矩阵的充分必要条件是，存在正的归一化向量 $\boldsymbol{W}=(w_1, w_2, \cdots, w_n)^{\mathrm{T}}$ 及 $\psi(\psi>1)$，使得 $\forall i, j=1, 2, \cdots, n$，有下式成立：

$$p_{ij} = \log_\psi w_i - \log_\psi w_j + 0.5 \tag{4.8}$$

证明 （必要性）设 $\boldsymbol{P}=(p_{ij})_{m\times m}$ 为模糊一致判断矩阵，令

$$w_i = \frac{\psi^{\frac{1}{m}\sum_{j=1}^{m} p_{ij}}}{\sum_{k=1}^{m} \psi^{\frac{1}{m}\sum_{j=1}^{m} p_{ij}}} \qquad i = 1, 2, \cdots, m$$

显然 $w_i > 0, i = 1, 2, \cdots m, \sum_{i=1}^{m} w_i = 1$，由模糊一致矩阵的定义有

$$\log_\psi w_i - \log_\psi w_j = \frac{1}{m}\sum_{l=1}^{m} p_{il} - \frac{1}{m}\sum_{l=1}^{m} p_{jl} = \frac{1}{m}\sum_{l=1}^{m}(p_{il} - p_{jl})$$

$$= \frac{1}{m} m(p_{ij} - 0.5) = p_{ij} - 0.5$$

这说明模糊一致性判断矩阵 $\boldsymbol{P}=(p_{ij})_{m\times m}$ 的元素 p_{ij} 可以表示为

$$p_{ij}=\log_{\psi}w_i-\log_{\psi}w_j+0.5$$

(充分性)若模糊互补判断矩阵 $\boldsymbol{P}=(p_{ij})_{m\times m}$ 的元素 $p_{ij}=\log_{\psi}w_i-\log_{\psi}w_j+0.5$，$\forall i$，$j=1$，2，…，$m$，则有

$$\begin{aligned}p_{ij}&=\log_{\psi}w_i-\log_{\psi}w_j+0.5\\&=(\log_{\psi}w_i-\log_{\psi}w_k+0.5)-(\log_{\psi}w_j-\log_{\psi}w_k+0.5)+0.5\\&=p_{ik}-p_{jk}+0.5\end{aligned}$$

即 $\boldsymbol{P}=(p_{ij})_{m\times m}$ 是模糊一致矩阵。

依据定理 4.1，对于模糊互补判断矩阵，可以通过以下的目标规划模型确定指标的优先权重系数。

定理 4.2　$\boldsymbol{P}=(p_{ij})_{n\times n}$ 是模糊互补判断矩阵，可以通过求解下面的目标规划模型确定方案的优先权重 $\boldsymbol{W}=(w_1, w_2, \cdots, w_n)^{\mathrm{T}}$：

$$P(1)\begin{cases}\min z=\sum_{i=1}^{n}\sum_{j=1}^{n}(\log_{\psi}w_i-\log_{\psi}w_j+0.5)^2\\\text{s.t}\quad\sum_{i=1}^{n}w_i=1\\w_i>0,\ i=1,2,\cdots,n,\ \psi>1\end{cases}\tag{4.9}$$

则仍有

$$w_i=\frac{\psi^{\frac{1}{n}\sum_{j=1}^{n}p_{ij}}}{\sum_{k=1}^{m}\psi^{\frac{1}{n}\sum_{j=1}^{n}p_{ij}}}\qquad i=1,2,\cdots,m\tag{4.10}$$

这里 $\psi>1$。

证明　作拉格朗日函数：

$$P(2)\quad \min L(w,\lambda)=\sum_{i=1}^{n}\sum_{j=1}^{n}(\log_{\psi}w_i-\log_{\psi}w_j+0.5-p_{ij})^2+2\lambda\left(\sum_{j=1}^{n}w_j-1\right)$$

$$\frac{\partial L(w,\lambda)}{\partial w_i}=4\sum_{j=1}^{n}\frac{\log_{\psi}w_i-\log_{\psi}w_j+0.5-p_{ij}}{w_i\ln\psi}+2\lambda$$

整理后得

$$\frac{\partial L(w,\lambda)}{\partial w_i}=2\sum_{j=1}^{n}(\log_{\psi}w_i-\log_{\psi}w_j+0.5-p_{ij})+\lambda w_i\ln\psi\qquad i=1,2,\cdots,n$$

令 $\frac{\partial L(w,\lambda)}{\partial w_i}=0$，得

$$\sum_{i=1}^{n}\left[2\sum_{j=1}^{n}(\log_{\psi}w_i-\log_{\psi}w_j+0.5-p_{ij})+\lambda w_i\ln\psi\right]=0$$

上式两端对 i 求和，由约束条件 $\sum_{i=1}^{n} w_i = 1$ 得

$$4\sum_{j=1}^{n}(\log_{\psi}w_i - \log_{\psi}w_j + 0.5 - p_{ij}) + 2\lambda\ln\psi = 0 \tag{4.11}$$

得 $\lambda\ln\psi=0$，因 $\psi>1$，故 $\lambda=0$。代入式(4.10)，解下列方程组：

$$\begin{cases} \sum_{j=1}^{n}\log_{\psi}w_i - \log_{\psi}w_j + 0.5 - p_{ij} = 0 & i=1,2,\cdots,n \\ \sum_{i=1}^{n} w_j = 1 \end{cases}$$

解得

$$w_i = \frac{\psi^{\frac{1}{n}\sum_{j=1}^{n}p_{ij}}}{\sum_{k=1}^{n}\psi^{\frac{1}{n}\sum_{j=1}^{n}p_{ij}}} \qquad i=1,2,\cdots,n,\ \psi>1$$

定理 4.2 揭示了这样一个事实：指标的重要程度排序与底数 $\psi(\psi>1)$ 无关，只与指标对应模糊判断矩阵的行的所有元素和($\sum_{j=1}^{m}p_{ij}$)有关。也就是说，模糊判断矩阵的一致性只能确定指标的序关系，不能确定方案的优先权重，要确定方案的优先权重，必须考虑决策者对权重分辨率的偏好，即参数 $\psi(\psi>1)$的选择。

定义 4.1 决策者分辨率能力的相对指标，可用最不重要指标对应的权重与最重要指标对应的权重的比值作为衡量，即分辨系数(τ)：

$$\tau = \frac{w_{\min}(\psi)}{w_{\max}(\psi)} \tag{4.12}$$

式中，$w_{\max}(\psi)$为最重要指标对应的权重，$w_{\min}(\psi)$为最不重要指标对应的权重。

由式(4.12)可得

$$\tau = \frac{w_{\min}(\psi)}{w_{\max}(\psi)} = \psi^{\frac{1}{m}(\sum_{k=1}^{n}\underline{p}_k - \sum_{k=1}^{n}\overline{p}_k)}$$

即

$$\psi = \tau^{\frac{n}{(\sum_{k=1}^{n}\underline{p}_k - \sum_{k=1}^{n}\overline{p}_k)}} \tag{4.13}$$

其中 $\sum_{k=1}^{m}\underline{p}_k$ 和 $\sum_{k=1}^{m}\overline{p}_k$ 分别是最不重要指标和最重要指标对应于模糊判断矩阵的行和。

这样通过决策者对优先权重分辨系数 τ 就可计算出参数 ψ，进一步根据式(4.10)可得到指标的优先权重。

例 设有一致性模糊互补判断矩阵：

$$\boldsymbol{P}=\begin{pmatrix}0.5 & 0.6 & 0.7\\ 0.4 & 0.5 & 0.6\\ 0.3 & 0.4 & 0.5\end{pmatrix}$$

按照不同决策者对分辨系数的差异，分别取 $\tau_1=0.8$，$\tau_2=0.5$，$\tau_3=0.1$，按式(4.13)可得 $\psi_1=3.0517$，$\psi_2=32$，$\psi_3=100000$，按式(4.10)计算权重结果为

$$\boldsymbol{w}(\tau_1,\psi_1)=(0.372,0.332,0.296)$$
$$\boldsymbol{w}(\tau_2,\psi_2)=(0.453,0.320,0.227)$$
$$\boldsymbol{w}(\tau_3,\psi_3)=(0.706,0.223,0.071)$$

参数 τ 是衡量决策者对客观事物分辨能力的量化指标，取决于决策者的分辨能力，例中 $\tau_1=0.8$ 时，决策者的分辨能力较好；而 $\tau_3=0.1$ 时，决策者的分辨能力较差。因此，通过 τ 的取值就可以满足决策者对指标优先权重的分辨程度，使决策者作出更符合自己意愿的决策。

针对武器电子系统质量静态评估中指标权重计算的问题，结合本节提出的基于专家权重分辨系数赋权法，进行以下可行性分析：

(1) 模糊矩阵的确定。模糊矩阵的确立是指标权重计算的基础，矩阵质量的高低决定了指标赋权是否合理。因此，在武器电子系统指标权重计算过程中，邀请本行业专家组成智囊团采取问卷调查或专家会议的形式，进行模糊矩阵的选择，反复调整，直至达成共识。

(2) 分辨系数的确定。鉴于专家的分辨能力主要由知识深度而定，而知识层面的信息则蕴涵在专家给出的模糊判断矩阵中。因此，分辨系数可由基于模糊判断矩阵信息的专家赋权方法[39]来决定。

4.4 基于最优权系数的组合权重设计模型研究

4.4.1 TOPSIS 法

TOPSIS(Technique for Order Preference by Similarity to Ideal Solution)法是一种逼近理想解的排序方法，由 Hwang 和 Yoon 于 1981 年提出[40]。它的基本思路是：首先建立初始化决策矩阵，而后基于规范化后的初始矩阵构造决策问题的理想解和负理想解，计算各方案与正理想解和负理想解的距离，以靠近正理想解和远离负理想解的两个基准(相对贴近度)作为评价依据来确定方案的排序[41]。由于 TOPSIS 法概念清晰、方法简单、计算量小，得到了广泛的应用。其基本步骤如下：

(1) 在 (m,n) 评标问题中，构造决策矩阵 $\boldsymbol{Z}=(z)_{n\times m}$。

(2) 构造加权的标准化规范矩阵 $\boldsymbol{S}=(s)_{n\times m}$。

(3) 确定理想解 s_j^+ 和负理想解 s_j^-。

$$\text{理想解}\ s_j^+ = \begin{cases} \max(s_j), & \text{效益型} \\ \min(s_j), & \text{成本型} \end{cases};\ \text{负理想解}\ s_j^- = \begin{cases} \max(s_j), & \text{成本型} \\ \min(s_j), & \text{效益型} \end{cases} \tag{4.14}$$

(4) 计算各个方案到理想解和负理想解的距离。

$$d_i^+ = \sqrt{\sum_{j=1}^{m}(s_{ij} - s_j^+)^2} \qquad i = 1, 2, \cdots, n \tag{4.15}$$

$$d_i^- = \sqrt{\sum_{j=1}^{m}(s_{ij} - s_j^-)^2} \qquad i = 1, 2, \cdots, n \tag{4.16}$$

(5) 计算每个方案对理想解的相似贴近度 C_i。

$$C_i = \frac{d_i^+}{(d_i^+ + d_i^-)} \qquad i = 1, 2, \cdots, n \tag{4.17}$$

(6) 按 C_i 由大到小的顺序排列方案的优先次序。该值越大，说明离理想解越接近，则评价越高。

根据其原理，最优赋权应该距离代表性最强(理想解)的权重最近，距离代表性最差(负理想解)的权重最远。由此 TOPSIS 法可用于计算最优客观权数的方法中。

4.4.2 方法兼容度

根据多元统计理论，对第 i、j 两个算法之间的相关程度，可通过它们的等级相关系数[42]来计算，即

$$r_{ij} = 1 - \frac{6}{n(n^2-1)}\sum_{i=1}^{n} d_i^2 \qquad i, j = 1, 2, \cdots, n \tag{4.18}$$

式中，d_t 为第 t 个对象在 i、j 两个方案之间的排序之差；n 表示评估方法的数量。

为了在等级相关系数意义下评定计算指标权重方法的优劣，提出兼容度的概念。

定义 4.2　某个评价方法的兼容度，是指该评价方法下该方案排序与每一个方法下方案排序的等级相关系数的算术平均值。

$$r_i = \frac{1}{n}\sum_{j=1}^{n} r_{ij} \qquad i = 1, 2, \cdots, n \tag{4.19}$$

可见，若某种权重计算方法的兼容度较大，则该方法的代表性较强，可靠性就越高，从而能够很好地融合其他方法的信息。

4.4.3 基于最优权系数组合赋权模型的建立

结合指标权重在武器电子系统动态评估中的作用(见图 4.1)，本节将构建一种既能兼顾主客观赋权法优点、克服其缺点，又能摆脱现有组合赋权的机械作业方式的一种全新组合赋权方法。该算法不仅物理意义明确，而且理论依据充实。其模型如图 4.3 所示，算法实现如下：

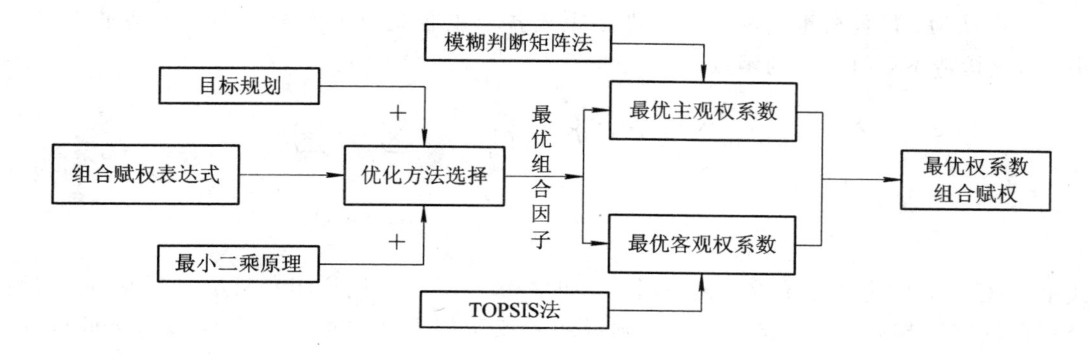

图 4.3　基于最优权系数组合赋权模型示意图

设 $\boldsymbol{t}=\{t_1, t_2, \cdots, t_n\}$ 为武器电子系统质量评估中的次数集(历史测量和当前测量)，$\boldsymbol{F}=\{f_1, f_2, \cdots, f_m\}$ 为测量指标集，权重向量为 $\boldsymbol{W}=\{w_1, w_2, \cdots, w_m\}^{\mathrm{T}}$，次数 t_i 关于指标 f_i 的测量值为 x_{ij}，其中 $i\in N$，$j\in M$，$N=\{1, 2, \cdots, n\}$，$M=\{1, 2, \cdots, m\}$。

由于指标集中含有不同类型、不同量纲的指标，因此在进行组合赋权之前，必须对指标集进行规范化处理并消除量纲，设指标测量值规范化处理后变为 $\boldsymbol{S}=(s_{ij})n\times m$。

设决策者选取 p 种主观赋权法和 $q-p$ 种客观赋权法，指标权重分别为

$$\begin{cases}\boldsymbol{u}_k=(u_{k1}, u_{k2}, \cdots, u_{km}) & k=1, 2\cdots, p\\ \boldsymbol{v}_k=(v_{k1}, v_{k2}, \cdots, v_{km}) & k=p+1, p+2, \cdots, q\end{cases} \tag{4.20}$$

式中，$\sum_{j=1}^{m}u_{kj}=1(u_{kj}\geqslant 0, j\in M)$ 表示用第 k 种主观法对指标 f_i 确定的权重，$\sum_{j=1}^{m}v_{kj}=1(v_{kj}\geqslant 0, j\in M)$ 表示用第 k 种客观法对指标 f_i 确定的权重。

设组合权重可表示为

$$\boldsymbol{W}=(w_1, w_2, \cdots, w_m)^{\mathrm{T}} \tag{4.21}$$

式中，$\sum_{j=1}^{m}w_j=1(w_j\geqslant 0, j\in M)$，则每一次测量的质量综合评估值为

$$y_i=\sum_{j=1}^{m}w_j s_{ij} \qquad i\in N \tag{4.22}$$

为了充分利用决策矩阵的客观信息，同时考虑专家自身的经验信息，利用最小二乘原理求组合赋权与主观赋权和客观赋权的偏差：

$$d_i^k=\sum_{j=1}^{m}[(w_j-w_{kj})s_{ij}]^2 \qquad i\in N, k=1, 2, \cdots, p \tag{4.23}$$

$$h_i^k=\sum_{j=1}^{m}[(w_j-v_{kj})s_{ij}]^2 \qquad i\in N, k=p+1, \cdots, q \tag{4.24}$$

d_i^k 和 h_i^k 分别表示第 k ($k=1, 2, \cdots, p$)种主观赋权法和 k ($k=p+1, \cdots, q$)种客观赋权法的评估结果与组合权重所作评估结果的离差。

本书认为，最佳权重应满足的条件是距离各个主客观权重向量的加权偏差平方和最小，为此构造下列目标规划函数：

$$(P1)\begin{cases}\min \mu\sum_{k=1}^{p}\beta_k\left(\sum_{i=1}^{n}d_i^k\right)+(1-\mu)\sum_{k=p+1}^{q}\beta_k\left(\sum_{i=1}^{n}h_i^k\right)\\ \text{s. t.}\ \sum_{i=1}^{m}w_i=1\qquad w_i\geqslant 0,\ i\in M\end{cases}\tag{4.25}$$

式中，$\mu\in[0,1]$为离差函数的偏好因子，如果$0\leqslant\mu<0.5$，则说明专家希望客观权重与组合权重越接近越好；若$0.5\leqslant\mu\leqslant 1$，则说明专家希望主观权重与组合权重越接近越好。$\beta_k(k=1,2,\cdots,p)$和$\beta_k(k=p+1,p+2,\cdots,q)$分别为$p$种主观赋权法和$q-p$种客观赋权法的权系数，且$\sum_{k=1}^{p}\beta_k=1$，$\sum_{k=p+1}^{q}\beta_k=1$。

推论　目标规划式(4.25)有唯一最优解。

证明　作拉格朗日函数：

$$\min L(w,\lambda)=\mu\sum_{k=1}^{p}\sum_{i=1}^{n}\sum_{j=1}^{m}\beta_k[(w_j-u_{kj})s_{ij}]^2+(1-\mu)\sum_{k=1}^{p}\sum_{i=1}^{n}\sum_{j=1}^{m}\beta_k[(w_j-v_{kj})s_{ij}]^2+2\lambda\left(\sum_{j=1}^{m}w_j-1\right)\tag{4.26}$$

由极值存在的必要条件有

$$\begin{cases}\dfrac{\partial L}{\partial w_j}=\sum_{k=1}^{q}2\mu\beta_k(w_j-u_{kj})\sum_{j=1}^{n}s_{ij}^2+\sum_{k=p+1}^{q}2(1-\mu)\beta_k(w_j-v_{kj})\sum_{j=1}^{n}s_{ij}^2+2\lambda=0\\ \dfrac{\partial L}{\partial\lambda}=2\left(\sum_{j=1}^{m}w_j-1\right)=0\end{cases}\tag{4.27}$$

因为

$$\sum_{k=1}^{p}\beta_k=1,\ \sum_{k=p+1}^{q}\beta_k=1$$

化简得

$$\begin{cases}\sum_{i=1}^{n}w_js_{ij}^2+\lambda=\left[\mu\sum_{k=1}^{p}\beta_ku_{kj}+(1-\mu)\sum_{k=p+1}^{q}\beta_kv_{kj}\right]\sum_{j=1}^{n}s_{ij}^2\\ \sum_{j=1}^{m}w_j=1\end{cases}\tag{4.28}$$

令

$$\boldsymbol{B}_{mm} = \mathrm{diag}[\sum_{i=1}^{n} s_{i1}^2, \sum_{i=1}^{n} s_{i2}^2, \cdots, \sum_{i=1}^{n} s_{im}^2]_{m\times n} \tag{4.29}$$

$$\boldsymbol{W}_{m1} = [w_1 \quad w_2 \quad \cdots \quad w_m]^{\mathrm{T}}, \boldsymbol{e}_{m1} = [1 \quad 1 \quad \cdots \quad 1]_{m\times 1}^{\mathrm{T}} \tag{4.30}$$

$$\boldsymbol{C}_{m1} = \begin{bmatrix} (\mu \sum_{k=1}^{p} \beta_k u_{k1} + (1-\mu) \sum_{k=p+1}^{q} \beta_k v_{k1}) \\ \vdots \\ (\mu \sum_{k=1}^{p} \beta_k u_{km} + (1-\mu) \sum_{k=p+1}^{q} \beta_k v_{k1}) \end{bmatrix}^{\mathrm{T}} \tag{4.31}$$

式(4.28)变为如下矩阵方程：

$$\begin{pmatrix} \boldsymbol{B}_{mm} & \boldsymbol{e}_{m1} \\ \boldsymbol{e}_{m1}^{\mathrm{T}} & 0 \end{pmatrix} \begin{pmatrix} \boldsymbol{W}_{m1} \\ \lambda \end{pmatrix} = \begin{pmatrix} \boldsymbol{C}_{m1} \\ 1 \end{pmatrix} \tag{4.32}$$

由于式(4.25)一阶导数为零，而二阶导数 $\frac{\partial^2 L}{\partial w_j^2} = 2\sum_{i=1}^{n} s_{ij}^2 > 0$，故必然有最小值。

解方程式(4.32)得

$$\boldsymbol{W}_{m1} = \boldsymbol{B}_{mm}^{-1}\left[\boldsymbol{C}_{m1} + \frac{1 - \boldsymbol{e}_{m1}^{\mathrm{T}} \boldsymbol{B}_{mm}^{-1} \boldsymbol{C}_{m1}}{\boldsymbol{e}_{m1}^{\mathrm{T}} \boldsymbol{B}_{mm}^{-1} \boldsymbol{e}_{m1}} \boldsymbol{e}_{m1}\right] \tag{4.33}$$

由于

$$\boldsymbol{B}_{mm}^{-1}\boldsymbol{C}_{m1} = \left[(\mu \sum_{k=1}^{p} \beta_k u_{k1} + (1-\mu) \sum_{k=p+1}^{q} \beta_k v_{km}) \quad \cdots \quad (\mu \sum_{k=1}^{p} \beta_k u_{km} + (1-\mu) \sum_{k=p+1}^{q} \beta_k v_{km}) \right]^{\mathrm{T}}$$

$$\boldsymbol{e}_{m1}^{\mathrm{T}} \boldsymbol{B}_{mm}^{-1} \boldsymbol{C}_{m1} = 1$$

因此组合权重向量为

$$\boldsymbol{W}_{m1} = \boldsymbol{B}_{mm}^{-1} C_{m1} \tag{4.34}$$

从而得到指标集 $F=\{f_1, f_2, \cdots, f_m\}$ 中各个指标的组合权重为

$$w_m = \left[\mu \sum_{k=1}^{p} \alpha_k u_{km} + (1-\mu) \sum_{k=p+1}^{q} \alpha_k v_{km}\right] \tag{4.35}$$

组合赋权的关键是组合权系数 α_k 的确定。加权系数 α_k 应该既能反映决策者对每一种赋权方法的主观偏好，又能反映各种赋权方法的一致程度，基于最优组合因子的思想，给出了最优组合权系数的一种表达式，即

$$\boldsymbol{\alpha}_k = \theta \boldsymbol{\eta}_k + (1-\theta) \boldsymbol{\varepsilon}_k \tag{4.36}$$

式中，θ 表示决策者对主观赋权法的偏好程度，一般 $\theta=0.5$；η_k 是最优主观权系数，表示主观方法求取的第 k 种赋权方法的权系数；ε_k 是最优客观权系数，表示客观方法求取的第 k 种赋权方法的权系数。

4.4.4 最优主观权系数 η_k 的确定

最优主观权系数 η_k 的计算基于专家经验和决策者对不同赋权方法的偏好程度，可借助层次分析法实现。与传统的 AHP 法相比，基于专家分辨系数准则下的模糊判断矩阵法(具体见 4.3.2 节)，不仅减少了决策者在判断方法相对重要性时的具体性，而且可以通过分辨系数 τ 的选择，使决策者作出更符合自己意愿的决策。因此，可采用计算最优主观权系数，步骤如下：

(1) 建立模糊判断矩阵 $\boldsymbol{P}=(p_{ij})_{n\times n}$。

(2) 对模糊判断矩阵 $\boldsymbol{P}=(p_{ij})_{n\times n}$ 进行一致性检验。

(3) 依据专家分辨系数 τ 计算参数 ψ，根据式(4.10)得到不同赋权方法的优先权重，即

$$\eta_k=\frac{\psi^{\frac{1}{n}\sum\limits_{i=1}^{n}p_{ij}}}{\sum\limits_{k=1}^{n}\psi^{\frac{1}{n}\sum\limits_{i=1}^{n}p_{ij}}}\qquad k=1,2,\cdots,n \tag{4.37}$$

则所求最优主观权向量 $\boldsymbol{\eta}=[\eta_1,\eta_2,\cdots\eta_n]^{\mathrm{T}}$。

4.4.5 最优客观权系数 ε_k 的确定

要度量各种赋权方法之间的一致性程度，两向量的一致性，可借鉴聚类分析的思想[29]，即两向量之间的距离和相似系数都可表征为向量间距离越大，一致性程度越差。这里选取向量 s 和 t 之间的绝对距离 $d_{st}=\sum\limits_{j=1}^{m}|w_{sj}-w_{tj}|$ 作为衡量两向量之间广义相似程度的指标。

因为 $w_{sj}-w_{tj}\leqslant|w_{sj}-w_{tj}|\leqslant w_{sj}+w_{tj}$，所以

$$0=\sum_{j=1}^{m}|w_{sj}-w_{tj}|\leqslant\sum_{j=1}^{m}|w_{sj}-w_{tj}|\leqslant\sum_{j=1}^{m}|w_{sj}+w_{tj}|=2$$

因此

$$0\leqslant 1-\frac{1}{2}\sum_{j=1}^{m}|w_{sj}-w_{tj}|\leqslant 1$$

定义 4.3 赋权向量 s 和 t 之间基于绝对距离的广义一致性系数为

$$c_{st}=1-\frac{1}{2}\sum_{j=1}^{m}|w_{sj}-w_{tj}| \tag{4.38}$$

式中，w_{kj} 为权重矩阵 $\boldsymbol{W}_k=(w_{kj})_{n\times m}$ 中的元素。

由 n 个赋权向量两两比较得到广义一致性系数矩阵 $\boldsymbol{F}=(f_{st})_{n\times n}$，比较平均广义相似系数，找出广义一致性程度最高(假设为 u)和最低(假设为 v)的赋权方法并计算相应的权重向量。若方法 u 和 v 决定的权重系数和权重向量分别为

$$\boldsymbol{\alpha}_0^+ = (\alpha_{01}^+, \alpha_{02}^+, \cdots, \alpha_{0n}^+), \qquad \boldsymbol{\alpha}_0^- = (\alpha_{01}^-, \alpha_{02}^-, \cdots, \alpha_{0n}^-)$$
$$\boldsymbol{W}_0^+ = (w_{01}^+, w_{02}^+, \cdots, w_{0n}^+), \qquad \boldsymbol{W}_0^- = (w_{01}^-, w_{02}^-, \cdots, w_{0n}^-)$$

由 TOPSIS 法，各赋权方法到理想解和负理想解之间的距离为

$$D_k^+ = \sqrt{\sum_{j=1}^{q} (w_{kj} - w_{0j}^+)}, \ D_k^- = \sqrt{\sum_{j=1}^{q} (w_{kj} - w_{0j}^-)} \tag{4.39}$$

则每种赋权方法的贴近度为

$$\beta_k = \frac{D_k^-}{D_k^- + D_k^+} \qquad k = 1, 2, \cdots, n \tag{4.40}$$

归一化可得到最优客观权向量为

$$\boldsymbol{\varepsilon} = [\varepsilon_1, \varepsilon_2, \cdots, \varepsilon_q]^{\mathrm{T}}$$

4.5　基于武器电子系统指标组合赋权的算例分析

以某武器的电子系统为例，进行指标组合赋权实例验证。某次检测数据与前几次检测数据量化值如表 3.1(见 3.5 节)所示，为保密起见，表中只出现指标的规范量化值。验证步骤如下：

(1) 计算最优主观权系数。

可用 3 种方法对指标赋权：AHP 法、离差最大化法、信息熵权法，第一种方法为主观法，后两种方法为客观法。判断矩阵为

$$\boldsymbol{P} = \begin{pmatrix} 0.5 & 0.6 & 0.7 \\ 0.4 & 0.5 & 0.6 \\ 0.3 & 0.4 & 0.5 \end{pmatrix}$$

取 $\tau_1 = 0.8$，根据式(4.10)与式(4.13)得

$$\boldsymbol{w}(\tau_1, \psi_1) = (0.372, 0.332, 0.296)$$

即

$$\boldsymbol{\eta} = (0.372, 0.332, 0.296)$$

(2) 计算最优客观权系数。

以上方法赋权值组成的权重矩阵为

$$\boldsymbol{W} = \begin{bmatrix} 0.041 & 0.158 & 0.087 & 0.108 & 0.114 & 0.185 & 0.180 & 0.043 \\ 0.029 & 0.105 & 0.075 & 0.123 & 0.135 & 0.198 & 0.226 & 0.028 \\ 0.046 & 0.113 & 0.089 & 0.141 & 0.194 & 0.187 & 0.211 & 0.019 \end{bmatrix}$$

基于绝对距离的一致性系数，赋权向量两两比较，得到广义一致性系数矩阵：

$$\boldsymbol{F} = \begin{bmatrix} 1 & 0.907 & 0.887 \\ 0.907 & 1 & 0.889 \\ 0.887 & 0.889 & 1 \end{bmatrix}$$

一致性最高和最低的赋权法分别为离差最大化法和熵权法。将广义一致性系数作归一化处理得到对应的权重系数向量和权重向量为

$$\boldsymbol{\alpha}_0^+ = (0.324, 0.358, 0.318)$$

$$\boldsymbol{W}_0^+ = (0.038, 0.125, 0.083, 0.124, 0.147, 0.190, 0.208, 0.030)$$

$$\boldsymbol{\alpha}_0^- = (0.321, 0.322, 0.357)$$

$$\boldsymbol{W}_0^- = (0.037, 0.124, 0.084, 0.125, 0.149, 0.190, 0.206, 0.029)$$

根据式(4.39)与式(4.40)计算最优客观权重系数为

$$\boldsymbol{\varepsilon} = (0.312, 0.423, 0.265)$$

(3) 计算最优权系数及组合权重。

假设决策者对主客观赋权方法的偏好程度是相同的，则最优权系数为

$$\boldsymbol{\alpha}_k = 0.5\boldsymbol{\eta}_k + 0.5\boldsymbol{\varepsilon}_k = (0.342, 0.377, 0.281)$$

从而得到基于最优权系数组合赋权的指标权重为

$$\boldsymbol{w} = (0.038, 0.125, 0.083, 0.123, 0.144, 0.190, 0.206, 0.031)$$

(4) 方法兼容度的事后检验。

依据式(4.18)和式(4.19)对组合赋权进行事后检验，得到 AHP 法、离差最大化法、信息熵权法、最优权系数组合赋权法的兼容度分别为 0.768、0.759、0.781、0.980。可见最优权系数的组合赋权法比其他赋权法的兼容度($r_{组合} > r_{熵权} > r_{AHP} > r_{离差}$)要高，能够很好地融合几种赋权方法的权重信息，从而验证了该算法的有效性和先进性。

4.6 本章小结

本章以武器电子系统质量评估指标体系的权重计算作为理论研究的背景，依据静态评估和动态评估的特点，分别设计了基于决策者分辨系数的主观赋权法和基于最优权系数的组合赋权法，为下章武器电子系统的质量评估算法的实现奠定了理论基础。基于武器电子系统指标权重的实例和基于等级相关系数的兼容度则验证了本章方法的有效性。

第5章 基于多源数据融合的评估算法实现

5.1 引　　言

数据是评估的素材，评估是决策的前提。在武器电子系统质量评估过程中面临着许多不确定因素，需要尽可能多地利用现有不同的数据源来作为评估的证据，通过科学的评估方法度量和认识评估客体的质量属性。如何把这些来源不同的多类信息源进行融合，如何使得评估方法更加科学合理，是本章要解决的主要问题，主要包括以下内容：

（1）在基于扩展的贝叶斯数据融合过程中，应用信息熵和测量不确定度理论解决了测量数据知识度和满意度难以评定的问题，为武器电子系统质量的稳健评估奠定了基础。

（2）为实现武器电子系统质量的静态评估，引入综合质量指数估算模型，给出了基于小子样数据的静态平方加权评估算法。

（3）为实现武器电子系统质量的动态评估，制定了分辨系数的选取准则，同时将相似理论引入贴近度，建立了基于多属性决策的动态检测方法。该方法通过确立绝对理想点和绝对临界点，构造了基于距离接近的隶属贴近度和基于形状接近的相似贴近度，而在此基础之上构造的综合贴近度，则实现了武器电子系统质量的全面动态评估。

5.2 武器电子系统测量数据融合算法介绍

5.2.1 数据融合技术

1. 数据融合的定义

数据融合（Data Fusion）较早的定义都是和军事上的应用紧密结合的，以该定义为基础的理论模型及方法研究也没有脱离数据处理的概念。美国国防部三军实验室理事联席会（JDL）从军事应用的角度给出了数据融合的最初定义：数据融合是一个对从单个或多个数据源得到的数据和数据进行关联、相关和综合，以获得精确的位置和身份估计，以及对态势和威胁及其重要程度进行全面、及时评估的数据处理过程。该过程是对其估计、评估和额外数据需求评价的一个持续精炼(Refinement)过程，同时也是数据处理过程不断自我修正的一个过程，以获得结果的改善。后来JDL又根据实际情况修正了数据融合的定义：数据融合是指对来自单个或多个传感器的数据和数据进行多层次、多方面的处理，包括自动检测、关联、相关、估计和组合。目前JDL对数据融合的定义为：数据融合是一个组合数据和以数据估计或预测实体(Entity)状态的过程。

数据融合的研究对象不仅仅局限在传感器数据，而采用多个数据源的数据，这才是广义的、完整的数据融合含义。从广泛的意义上说，融合就是将来自多数据源的数据进行综合处理，从而得出更为准确可靠的结论。融合是一种形式框架，其过程是用数学方法和技术工具综合不同来源的数据，目的是得到高品质的有用数据。“高品质”的精确定义依赖于应用。这样，存在各种不同种类、不同等级的融合，如数据融合、图像融合、特征融合、决策融合、传感器融合、分类器融合等。对不同来源、不同模式、不同时间、不同地点、不同表示形式的数据进行综合，最后可以得到对被感知对象更加精确的描述。

数据融合是一门综合性、交叉性的学科，涉及很多相关技术。数据融合得以成为目前研究的热点，一方面是由实际需要和巨大的应用前景所决定的，另一个重要原因在于其自身的优势。数据融合技术作为一种多源数据综合处理技术，它的优势主要体现在以下几个方面：

(1) 数据的冗余性：不同来源的数据是冗余的，并且具有不同的可靠性，通过融合处理，可以从中提取出更加准确和可靠的数据。此外，数据的冗余性可以提高系统的稳定性，从而能够避免因某一来源的数据不准确而对整个系统所造成的影响。

(2) 数据的互补性：不同数据源提供不同性质的数据，这些数据所描述的对象是不同的环境特征，它们彼此之间具有互补性。如果定义一个由所有特征构成的坐标空间，那么每个数据源所提供的数据只属于整个空间的一个子空间，和其他数据源形成的空间相互独立。因为进行了多个独立测量，所以总的可信度提高了，不确定性、模糊性降低。

(3) 数据处理的及时性：各数据源的处理过程相互独立，整个处理过程可以采用并行的处理机制，从而使系统具有更快的处理速度，提供更加及时的处理结果。

(4) 数据处理的低成本性：多个数据源可以花费更少的代价来得到相当于单个数据源所能得到的数据量。

数据融合是一门跨学科跨领域的综合理论与方法，目前仍然是一个不很成熟的研究方向，尚处在不断变化和发展过程中。尽管数据融合理论和应用的研究已经在国内外广泛展开，但由于其研究领域覆盖范围的多样性和广泛性，数据融合问题本身至今未形成基本的理论框架和有效的广义融合模型及算法。目前，数据融合的绝大部分工作都是针对特定应用领域内的问题开展研究，但这些研究所反映的只是数据融合所固有的面向对象的特点，也就难以构成数据融合这一独立学科所必需的完整理论体系。

2. 数据融合的结构

数据融合系统的结构模型应根据应用问题特性来灵活确定。数据融合的结构从根本上分为集中式和分布式两个类型。由这两种基本类型进行组合，可以得到多种混合型结构。它们在数据损失、数据通信带宽要求、数据关联、处理精度等方面各有优劣。

(1) 集中式结构。所谓集中式处理结构，就是将所有的原始数据全部传送到一个融合中心(Fusion Ceneter，FC)，由该融合中心来完成对数据的各种处理，然后作出最终决策(或估计)。

(2) 分布式结构。分布式结构是每个数据源都对获取的数据进行一些预处理，然后把中间结果送到中心处理器，由中心处理器完成最终的融合处理工作。这种系统作出最终决策并不是直接依赖于数据源的原始数据，而是基于各数据源的决策和其他有关数据。分布式结构又可以分为并行结构、串行结构和网络结构。

(3) 混合式结构。混合式结构是集中式结构和分布式结构的一种综合，融合中心得到的可能是原始数据，也可能是经过处理之后的中间结果。

3. 数据融合的层次

数据融合的层次指的是在什么阶段进行数据融合。数据融合与经典数据处理方法之间存在着本质的区别，其关键在于数据融合所处理的多源数据具有更为复杂的形式，而且可以在不同的数据层次上出现。数据融合技术是一门实践科学，融合层次的划分也是在实践中不断发展完善的。目前，普遍接受的融合层次的划分是将其分为数据层、特征层、决策层、态势估计和威胁估计五个层次，其中后两个层次主要应用于军事目的。

(1) 数据层融合。数据层融合是一种直接在采集到的原始数据层次上进行的融合，即对各种数据源的原始数据未经处理或经过少量处理之后就进行数据的分析和综合。这种融合的主要优点是保持了尽可能多的现场数据，提供了其他融合层次所不具备的细微数据。

(2) 特征层融合。特征层融合属于中间层次的融合，它先对来自数据源的原始数据进行特征提取，然后对获得的目标数据进行综合处理。在这一层上的关键是提取一致的、有用的数据，排除无用的、甚至是矛盾的数据，其数据量和计算量均属中等。

(3) 决策层融合。决策层融合是在融合之前，每个局部数据源已独立地完成了决策和分类任务，是按一定的准则以及每个数据源的可信度进行协调，作出全局最优决策。

数据融合技术的最大优势在于它能合理协调多源数据，充分综合有用数据，提高在多变环境中正确决策的能力。基于数据融合的可靠性评估，就是充分利用各种时空条件下多种数据源的数据，进行关联、处理和综合，以获得关于系统可靠性的更完整和更准确的判断数据，从而进一步形成对系统可靠性的估计或预测。这种评估方法不仅是一种处理复杂可靠性数据的方法，也是建立和谐有效的人机协同可靠性数据处理环境的基础。

多源可靠性数据的融合模式主要分为以下三种：

(1) 并行融合模式：可靠性评估过程中最常见的一类融合模式。多源可靠性数据并行融合策略的基本思想是：首先将来自不同数据源的可靠性数据分别作相应处理，然后传递到一个统一的融合中心，在融合中心采用适当的方法综合各种数据得到最终的决策。

在实际应用中，并不一定能同时获取所有相关可靠性数据。通常，我们只能获取某几类或某一类可靠性数据。比如，在武器研制初期，无法获取可靠性实验数据和现场使用数据。通常，能利用的相关可靠性数据仅有可靠性专家提供的经验数据，不同专家经验数据的融合即属于并行融合模式。

(2) 串行融合模式：首先将两个数据源的数据进行一次融合，再将上述融合结果与另一个数据源的数据进行融合，依次进行下去，直到所有数据源的数据都融合完为止。串行融合策略实际上是两个数据源并行融合策略的多级形式。

例如，在可靠性评估中，对于同一武器、不同阶段的可靠性数据，通常采用串行融合策略来进行处理。首先将第一阶段以前的实验数据或经验数据等看成先验数据，并将这些先验数据与第一阶段的实验数据进行融合，得到第一阶段的可靠性评估结果；再将上述计算结果作为第二阶段的先验数据，将其与第二阶段的实验数据相融合，从而得到第一阶段的可靠性评估结果。依次类推，直到所有阶段的可靠性数据都参与融合为止。

(3) 混合融合模式：串行融合和并行融合两种融合模式的结合。混合融合模式在可靠性评估中也经常被采用，例如在大型复杂系统的可靠性评估中，除了小样本的实验数据以外往往还存在着多源先验可靠性数据，如专家经验数据、历史数据、仿真数据和相似武器可靠性数据等。为了综合上述包括小样本实验数据在内的所有可靠性数据，通常需要采用混合融合模式：首先将不同来源的先验数据通过并行融合方式进行处理，得到一个最终的先验分布，该先验分布综合了所有的先验数据；然后再将先验分布与小样本实验数据进行融合得到一个最终的综合结果。

4. 基于数据融合的可靠性评估思想

可靠性数据是多源的，其多源性主要体现在两个方面：一方面，在武器生命周期的不同寿命阶段均存在着可靠性数据，武器生命周期中的一切可靠性活动都是可靠性数据的产生源；另一方面，某一寿命阶段的可靠性数据通常又来自于不同数据源，如数据库、工程专家、可靠性实验等。对于大型复杂系统的可靠性评估而言，通常需要综合利用不同阶段、不同来源的可靠性数据。

多源可靠性数据融合的实现不外乎有以下几种途径：一是融合武器同一寿命阶段、不同来源的可靠性数据，二是融合同一武器、不同寿命阶段的可靠性数据。在必要的时候，可以同时综合利用上述两类可靠性数据。据此，给出一种综合利用武器全寿命周期中各种相关可靠性数据进行可靠评估的基本思路。

在武器电子系统指标体系中，既有定性指标(专家经验值)又有定量指标(测量数据值)，但这两种数据形式有很大的差距，难以直接利用它们进行质量综合评估，于是就需要一种数据融合的方法将两种数据源融合，从而提高评估结果的稳健性。数据融合是一种新的数据处理技术，根据国内外研究的成果[43-45]，其确切的定义可概括为：充分利用多个“传感器”测得的数据信息，运用现代数学方法和计算机技术，依据一定的准则，对这些数据信息进行分析、综合、支配和使用，获得对被测对象的一致解释与描述，进而实现相应的决策与评估的信息处理过程。

对定性评估指标而言，文献[46]提出了信念图的概念，实现了专家对指标的评定与权衡。信念图是专家对评估指标理解程度与满意程度表达的二维度量空间，图中的任意点称为满意测点 $S_p(K_{c,a,p}, C_{c,a,p})$，一个点的位置代表了专家对评估指标及准则所作的偏好定位，如图 5.1 所示。其中横坐标代表专家对评估指标拥有的知识度 $K_{c,a,p}$，知识度是用来描述专家对所评估指标的了解程度，知识度越高说明专家对武器能力的了解程度越高。纵坐标代表专家对评估指标拥有的满意度 $C_{c,a,p}$，满意度是专家对武器能力判断的描述，满意度越高说明专家对武器能力的认可程度越高。

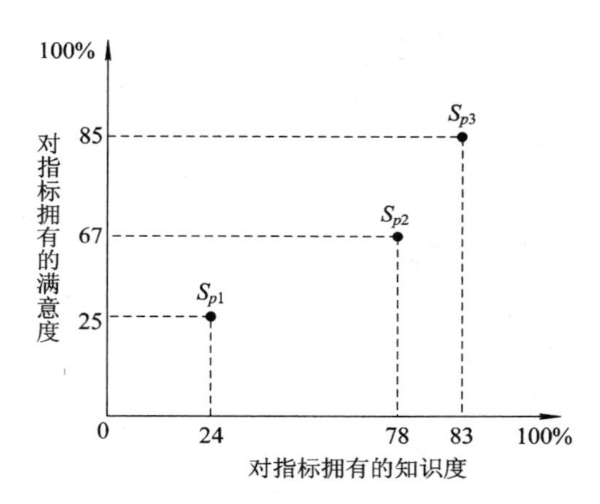

图 5.1　定性指标评估信念图

上述方法的提出主要针对专家经验数据，将不同专家的经验采用扩展贝叶斯算法进行融合成满意概率值，扩展贝叶斯算法如下[47]：

$$P_i[S(C_c \mid A_a) = \text{yes}] = \alpha \prod_{p=p_1}^{p_n} [C_{c,a,p}K_{c,a,p} + (1 - C_{c,a,p})(1 - K_{c,a,p})] \tag{5.1}$$

且

$$\alpha = \frac{1}{\prod_{p=p_1}^{p_n}[C_{c,a,p}K_{c,a,p} + (1-C_{c,a,p})(1-K_{c,a,p})] + \prod_{p=p_1}^{p_n}[C_{c,a,p}(1-K_{c,a,p}) + (1-C_{c,a,p})K_{c,a,p}]} \tag{5.2}$$

对于定量指标，文献[44，48]针对仿真数据实现了定量信息的信念图影射表达。而对于测量数据，如何实现信念图表达，不仅是专家经验和测量信息融合的关键，也是实现武器电子系统质量稳健评估的保证。本章在基于信息熵计算测量数据不确定性的基础上，实现了测量数据的信念图表达。

5.2.2　测量数据统计特性与信念图表达

测量数据的统计指标通常由偏倚和波动来表征。偏倚表示即时测量结果与被测基准值(期望值)之差；波动表示在相同的条件下进行多次重复测量所得结果分布的分散程度。测量数据质量高，既要求偏倚小，又要求波动小。

由于测量系统本身结构的复杂性和所涉及学科的广泛性，对测量系统进行分析，最可行的办法只能是基于测量系统具有量值传递的功能，根据其测量样本的统计特性来进行表达，同时能让系统模型反映数据外部特性。因此，我们对测量系统的模型作了进一步的明确，建立量化模型，如图 5.2 所示。

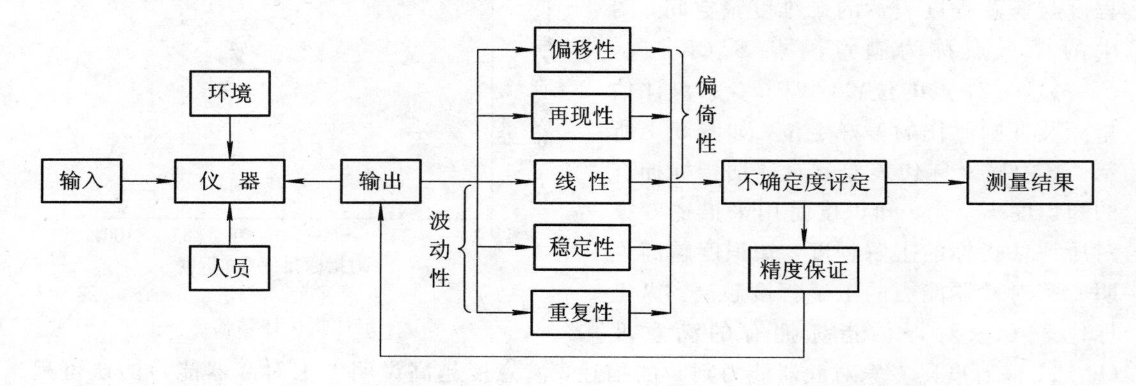

图 5.2　测量系统模型图

由测量系统导致测量数据产生不确定度的五个因素中[49]，偏移性、再现性和线性属于误差范畴，产生数据偏倚性；重复性、稳定性和线性是随机产生的，导致数据波动性，即偏倚性和波动性既能反映测量数据统计特性，又能体现测量系统内部不确定性，是联系测量数据和测量系统的一座桥梁。在测量数据信念图表达中，知识度是对系统输出能力不确定性的度量，即波动特性；满意度反映的是测量值与真实值(期望值)的接近程度，即偏倚特性，因此，信念图可以与测量数据的统计特性建立一一映射关系，如图 5.3 所示。

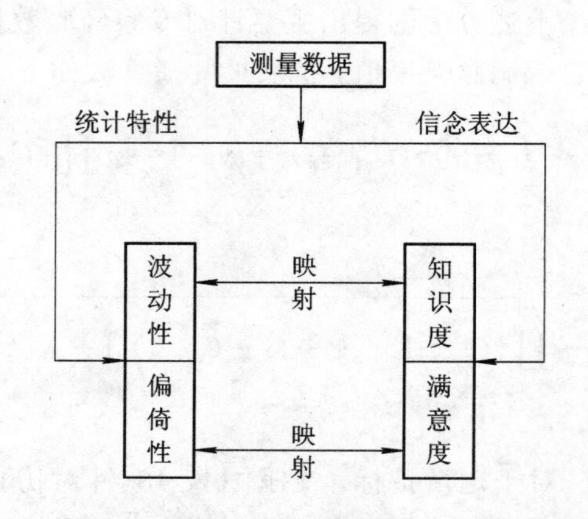

图 5.3　统计特性与信念图表达的映射关系

5.2.3　测量数据满意度 $C_{c,a,p}$ 的表达

在武器电子系统质量评估体系中，存在着
正指标、逆指标和适度指标，我们借助模糊数学中隶属函数的概念，以当前测试值为基础，通过适当模型计算该指标测量数据的无量纲化评估值。该评估值反映了各项要素的实际量值满足需求的程度，即数据满意度 $C_{c,a,p}$，根据系统标准参数要求的特点采用如下模型估算：

(1) 负指标类直线模型。指标的测量数据有上限要求，且测量数据越逼近上限，质量状态越差，采用直线型模型：

$$C_{c,a,p}=1-\frac{2}{5}\times\frac{x}{x_0} \tag{5.3}$$

式中，x 为测量值，x_0 为指标上限值。

(2) 适度指标类折线型模型。指标的测量数据要求界于某一范围之内，测量数据处于边限附近时质量状态较差，采用折线型模型：

$$C_{c,a,p}=\begin{cases}1-\dfrac{2(2x-x_2-x_1)}{5(x_2-x_1)} & x\geqslant\dfrac{x_1+x_2}{2}\\[2ex] 1+\dfrac{2(2x-x_2-x_1)}{5(x_2-x_1)} & x<\dfrac{x_1+x_2}{2}\end{cases} \tag{5.4}$$

式中，x 为指标测量值，x_1 为指标的最小允许值，x_2 为指标的最大允许值。

(3) 正指标类升半柯西分布模型。指标的测量数据有下限要求，且实测值越小，质量状态越差，采用升半柯西分布模型：

$$C_{c,a,p}=0.6+\frac{2(x-x_0)^2}{5+5(x-x_0)^2} \tag{5.5}$$

式中，x 为测量值，x_0 为指标下限值。

5.2.4　测量数据知识度 $K_{c,a,p}$ 的表达

熵是信息论中的一个基本概念，是对信息源随机变量或与之相应的某事件的不确定性程度的唯一性度量[30,50]。一个系统越是有序，信息熵 H 就越低；反之，一个系统越是混乱，相应信息熵 H 就越高。因此，熵作为分析不确定性信息的一个主要参数，具有普遍意义。

$$H(p_1,p_2,\cdots,p_n)=-k\sum_{i=1}^{n}[p_i\ln(p_i)] \tag{5.6}$$

由 5.2.2 节知，测量值的波动性反映了测量系统因素的不确定性，是测量数据知识度的反映，即测量数据波动越小(大)，测量不确定性越小(大)，知识度越高(低)。因此，可用基于信息熵测量不确定度来计算测量数据的知识度。

定义 5.1 一个不确定性的离散信息源可表示为离散随机变量 $\boldsymbol{X}=(x_1, x_2, \cdots, x_N)$，分组数 n 和分组间隔为 $\Delta h=(x_{\max}-x_{\min})/n$，组概率分别为 $p_1, p_2, \cdots, p_n$，定量描述该信息源的不确定度 $S_{c,a,p}$ 为

$$S_{c,a,p}=-D\sum_{i=1}^{n}p_i\ln p_i \tag{5.7}$$

在本节中，保证 $S_{c,a,p}$ 的范围是[0，1]，当测量结果落在 n 个区间的概率相同时，即 $p=1/n$ 时测量数据的不确定度 $S_{c,a,p}$ 为最大，将此时的 $S_{c,a,p}$ 定义为 1，通过式(5.7)可以求得 $D=-1/\ln(1/n)$。不确定度越大，则知识度越小；反之，不确定度越小，知识度就越大。所以我们可以用以下公式来描述两者之间的关系：

$$K_{c,a,p}=1-S_{c,a,p} \tag{5.8}$$

由于测量数据的知识度反映了测量系统的特性，因此对于武器电子系统定量指标，可以借助历史测量数据与即时测量数据组成随机变量 $\boldsymbol{X}=(x_1, x_2, \cdots, x_N)$ 进行知识度表达。

5.2.5 武器电子系统评估指标的数据融合

信念图把评估数据统一表达为具有认识广度和满意深度的二维信息格式。从武器电子系统质量评估的指标体系的评判结构看，需要对定性指标(专家评估值)和定量指标(指标测量值)从两个方面进行评判表达，具体方法已在上两节中介绍。

采用 Dr. Bruce D'Ambrosio 在文献[47]中提出的扩展贝叶斯公式，将每个指标满意测点值融合成一个概率值形式的数据，如图 5.4 所示。

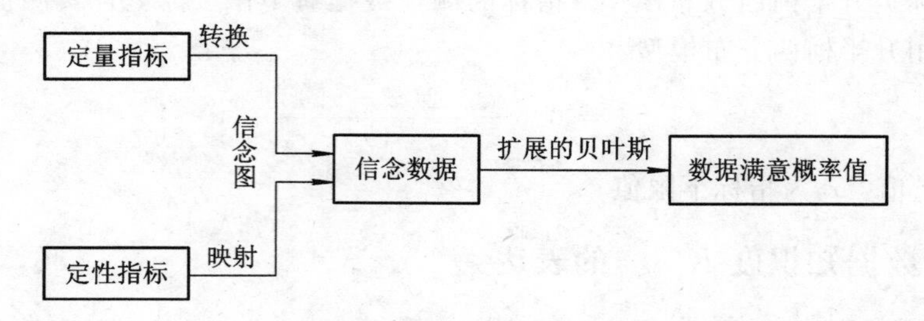

图 5.4 数据融合流程图

扩展的贝叶斯方法融合算法如下：

$$P_i[S(C_c \mid A_a)=\text{yes}]=\alpha\prod_{p=p_1}^{p_n}[C_{c,a,p}K_{c,a,p}+(1-C_{c,a,p})(1-K_{c,a,p})] \tag{5.9}$$

式中，p 表示评估者集，且

$$\alpha=\frac{1}{\prod_{p=p_1}^{p_n}[C_{c,a,p}K_{c,a,p}+(1-C_{c,a,p})(1-K_{c,a,p})]+\prod_{p=p_1}^{p_n}[C_{c,a,p}(1-K_{c,a,p})+(1-C_{c,a,p})K_{c,a,p}]} \tag{5.10}$$

在武器电子系统质量检测中，每次指标的有效测量值只有一个，而在扩展的贝叶斯公式中 p_n 为评估集，且 $n \geqslant 2$。因此，对于定量指标，我们可以用同一个测量值的信念图表达值作为两次评估集进行数据融合；而对于定性指标，我们可以对两名专家的评判值进行数据融合。

互补多信息源的数据融合为武器电子系统质量稳健评估提供了有力的技术支撑，而贴近武器电子系统评估算法的实现则是整个评估过程的重中之重，下一节将具体阐述。

5.3 基于多源数据的武器电子系统质量评估算法的实现

武器电子系统质量评估过程中面临着许多不确定问题，如何求取稳定、可靠、全面的评估结果，评估算法的选择就显得尤为重要。本节立足武器电子系统实际，提出了基于小子样数据的静态评估算法和基于多属性决策理论的动态评估算法，不仅实现了单次检测的横向质量评估，而且实现了多次检测的纵向评估(比较)，提高了质量评估的深层分析及评估不确定因素的良性反馈。

5.3.1 基于小子样数据的静态评估算法

目前，对武器电子系统质量的定位仅仅局限于测量数据与标准数据对比的水平上，缺乏一种对武器电子系统整体质量评估的方法，加之武器电子系统质量检测周期长，检测次数少的特殊性，如何充分利用质量检测的小子样数据，实现单次检测整体质量量化值，以获取武器电子系统更多的质量信息，是对静态评估算法提出的实际需求。基于此，我们引入质量指数的概念，选取适合武器电子系统质量评估的模型，以质量指数的形式表示当前武器电子系统质量状况，从而实现武器电子系统量化的静态评估。

由指数的定义可知：指数是多种因素的平均综合反映，借用这种社会统计学中常用的指数概念来衡量武器电子系统质量的好坏，比较适合武器电子系统静态评估的特点。

在武器每次测试数据全部合格时，应根据作用的不同方式选择合理的模型进行计算。用 E_i 表示数据质量指数，w_i 表示该指标的相对重要权重系数，则综合质量指数 Q 可按照如下模型[31]进行计算：

(1) 当各指标对应仪器共同作用于上层子系统，且每个指标对上层的影响度为线性变化时，采用加乘混合模型，即

$$Q = (1-a)\sum_{i=1}^{n} w_i E_i + a\prod_{i=1}^{n}(w_i E_i) \tag{5.11}$$

(2) 当各指标对应仪器之间的相互影响较小，对上层子系统的影响较大并且影响度相近时，采用取小与乘法混合模型，即

$$Q = (1-a)\min(E_i) + a\prod_{i=1}^{n}(E_i) \tag{5.12}$$

(3) 当各指标对应的仪器共同作用于上层子系统，且每个参数对上层的影响度为非线性变化时，采用平方加权模型，即

$$Q = (1-a)\sqrt{\sum_{i=1}^{n}(w_iE_i)^2} + a\prod_{i=1}^{n}(w_iE_i) \tag{5.13}$$

上述三种模型中 a 的取值为

$$a = \begin{cases} 0 & E_i < 0.6 \\ 1 & E_i \geqslant 0.6 \end{cases} \tag{5.14}$$

考虑到武器电子系统质量评估指标体系中的各指标间存在补偿性，且每个指标对总体质量的影响度为非线性变化，依据 0.6 是武器使用方可接受的最低质量评估结果，构造如下平方加权模型计算质量性能指数：

$$Q = (1-a)\sqrt{\sum_{i=1}^{n}(w_iP_i)^2} + a\prod_{i=1}^{n}(w_iP_i)$$
$$a = \begin{cases} 0 & P_i < 0.6 \\ 1 & P_i \geqslant 0.6 \end{cases} \tag{5.15}$$

式中，P_i表示融和后的数据满意概率值，w_i表示该指标的相对重要权重系数(见 4.3 节)。

5.3.2 基于武器电子系统多属性决策理论的评估算法研究

大量电子元器件及集成芯片的应用使武器系统的智能化水平越来越高，然而电子产品的性能会随时间缓慢发生老化、退化或不稳定现象，而定期检测有时很难发现，从而增加武器系统的不稳定因素。如何利用定期检测中的“小样本”、“贫信息”实现动态评估，是亟需解决的问题。借助多属性决策理论，将武器电子系统当前检测数据与历史检测数据进行“决策”，从而得出武器系统的优劣次序，进而掌握武器系统的动态变化，最终实现质量的动态评估。

多属性决策[51](Multiple Attribute Decision Making，MADM)是多准则决策科学领域中一个重要的研究问题，在处理不确定性和动态性因素的问题时，优势明显。多属性决策的实质就是利用决策矩阵中的数据，按照某种计算方法计算各方案的综合评价值，从而进行方案的评价、排序、择优。到目前为止，基于多属性评价的方法已有几十种，这些方法各有不同的数学机理，其数据要求、作用效果也有很大差异。因此，选择恰当的评价方法对武器电子系统质量的动态评估显得尤为重要。

TOPSIS 法和灰色关联度分析法作为经典的决策方法，对数据无特殊要求，并且能够充分利用原始数据的信息，扩宽了多属性决策的思路，非常适合小子样数据特点的武器电子系统动态评估。下面在分析 TOPSIS 法和灰色关联度分析法不足的基础上，将两者有机

结合起来应用于有限样本的分析，从而实现武器电子系统质量的动态评估。

1. TOPSIS 法的局限性及其改进分析

TOPSIS 法的基本思想是基于归一化后的原始数据矩阵，找出方案中的最优方案和最劣方案(分别用最优向量与最劣向量表示)，然后计算评价对象与最优方案和最劣方案之间的距离，以靠近正理想解和远离负理想解的两个基准(相对贴近度)作为评价依据来确定方案的排序。

然而，在 TOPSIS 法中存在逆序的问题。所谓逆序，就是当使用某一种决策方法时，对 n 个方案 A_1，A_2，…，A_n 的决策结论是方案 A_i 优于方案 $A_j(i \neq j)$，但如果增加(或减少)若干个方案后，该方法得出的结论却是方案 A_j 优于方案 A_i。图 5.5 中，在正理想点 A_1^+ 和负理想点 A_1^- 的前提下，方案优劣顺序为 $A_2 > A_3 > A_1 > A_4 > A_5$；而增加一个方案时，正、负理想点变为 A_2^+ 和 A_2^-，如图 5.6 所示，方案优劣顺序变为 $A_3 > A_2 > A_1 > A_4 > A_5 > A_6$。比较两个结果可以发现，只有 5 个方案时，$A_2$ 优于 A_3；而有 6 个方案时，A_3 优于 A_2，出现了逆序。

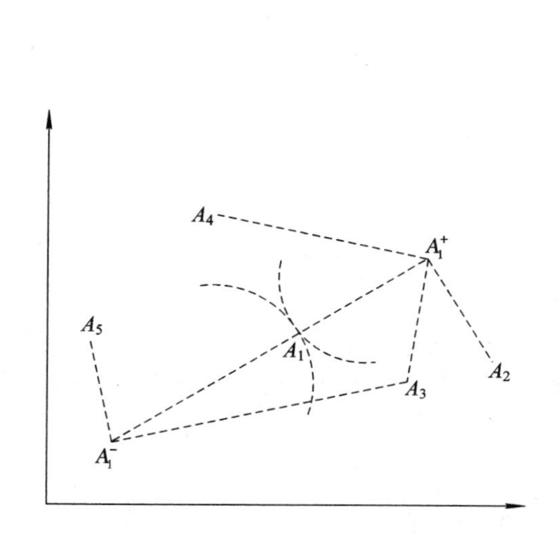

图 5.5　方案增加前的决策结果

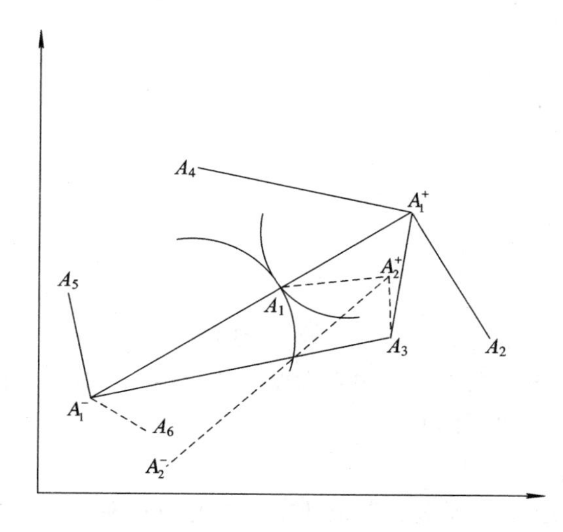

图 5.6　方案增加后的决策结果

理想点的变化引起决策评价标准的变化，而评价标准的变化必然导致评价结果的不同，即引起方案优劣顺序的变化，出现合理的逆序现象，不足为怪。然而，在武器电子系统的动态评估过程中，每个决策者从主观上都希望当前测量次数的增减不会引起历史测量的逆序，即要求评估结果具有所谓的保序性，不然就会导致决策混乱，影响维护方案的制定。为此，我们引入基于武器电子系统质量评估指标的绝对理想点和绝对临界点。

定义 5.2　向量 $\boldsymbol{V}^+ = (v_1^+, v_2^+, \cdots, v_m^+)$ 和 $\boldsymbol{V}^- = (v_1^-, v_2^-, \cdots, v_m^-)$，$p_{ij}$ 为某指标满意

概率指数，在 n 个测量序列中，如果

(1) $v_j^+ \geqslant p_{ij}$ 且 $v_j^- \leqslant p_{ij}$，$i \in n$，$j \in m$；

(2) 对于在评估的有效范围(评估所能影响的时间和空间范围)内任何可能的评估指标质量指数 $\boldsymbol{A}_k = (p_{k1}, p_{k2}, \cdots, p_{km})$，有 $v_j^+ \geqslant p_{kj}$ 且 $v_j^- \leqslant p_{kj}$，$j \in m$，$k \in n$，则 $\boldsymbol{V}^+$ 和 $\boldsymbol{V}^-$ 分别称为动态评估问题的绝对理想点和绝对临界点。

因此，在使用绝对理想点时，随着对武器电子系统测量次数的增加，绝对理想点没有发生变化，还是 $\boldsymbol{V}^+$ 和 $\boldsymbol{V}^-$，如图 5.7 所示。即每次测量与绝对理想点和绝对临界点的相对贴近度保持 $\dfrac{|A_i V^-|}{|A_i V^+| + |A_i V^-|}$ 不变，因此不会出现逆序现象。

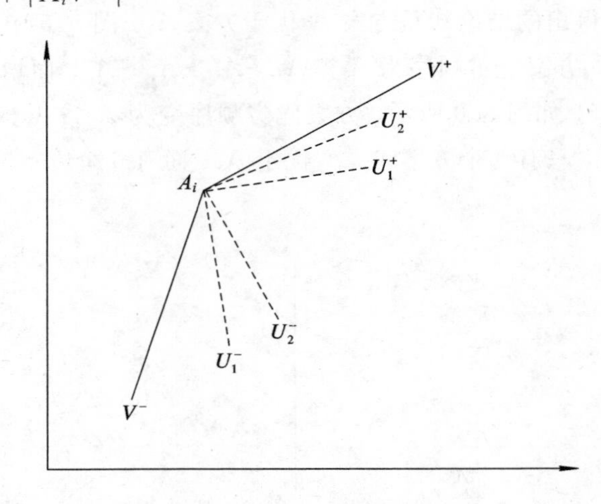

图 5.7　绝对理想点的贴近度

由定义 5.2 可知，绝对理想点不仅比当前所有测量次数的满意概率值好，而且比决策有效范围内所有的满意概率值都好。即对每个指标设置一个在决策的有效范围内可望而不可及的目标值，则这些目标值组成的向量就可作为绝对理想点。由式(5.9)得，

$$P_i[S(C_c | A_a) = \text{yes}] \leqslant 1$$

因此，武器电子系统动态评估的绝对理想点可设为 $\boldsymbol{V}^+ = (1, 1, \cdots, 1)$。

同理，可对每个指标属性设置一个在决策范围内最坏情形出现时的最坏目标值，这些目标值组成的向量可作为绝对临界点。由于每次测量值在合格范围之内，依据式(5.3)～式(5.5)得 $C_{c,a,p} \geqslant 0.6$。而对于同一组合格地测设备而言，总结发现[48]，$K_{c,a,p}$ 一般在[0.6，0.9]之间。依据式(5.9)知，当 $K_{c,a,p} = 0.6$ 且 $C_{c,a,p} = 0.6$ 时，满意概率指数有最小值 $P_{\min} = 0.54$ 即 $P_i[S(C_c | A_a) = \text{yes}] \geqslant 0.54$，因此，武器电子系统动态评估问题的绝对临界点可设为 $\boldsymbol{V}^- = (0.5, 0.5, \cdots, 0.5)$。

为了更好地反映每次测量靠近绝对理想解和远离临界解的距离程度，引入距离隶属

度，则改进后的基于武器电子系统绝对理想点的 TOPSIS 法的计算步骤如下：

(1) 在(m, n)评标问题中，构造决策矩阵$\boldsymbol{Z}=(z_{ij})_{n\times m}$。

(2) 对决策矩阵$\boldsymbol{Z}=(z_{ij})_{n\times m}$中的指标属性值进行数据融合得到矩阵$\boldsymbol{P}=(p_{ij})_{n\times m}$。

(3) 确定绝对理想解$\boldsymbol{V}^+=(1, 1, \cdots, 1)$和绝对临界点解$\boldsymbol{V}^-=(0.5, 0.5, \cdots, 0.5)$。

(4) 计算各个方案到绝对理想点和绝对临界点的距离。

$$D_i^+ = w_j \cdot \sqrt{\sum_{j=1}^{m}(p_{ij}-v_j^+)^2} \qquad i=1, 2, \cdots, n \tag{5.16}$$

$$D_i^- = w_j \cdot \sqrt{\sum_{j=1}^{m}(p_{ij}-v_j^-)^2} \qquad i=1, 2, \cdots, n \tag{5.17}$$

式中，w_j为基于最优权系数指标组合权值。

(5) 计算隶属贴近度。

设第i次测量以接近度N_i^+隶属于绝对理想点，以N_i^-隶属于绝对临界点，且$N_i^+ + N_i^-=1$，$N_i^+D_i^+$、$N_i^-D_i^-$分别为权理想度距离和权临界度距离。为了得到N_i^+，采用最小二乘法求解：

$$(P1)\begin{cases} \min F(N_i^+) = \sum_{i=1}^{n}\left[(N_i^+D_i^+)^2+(N_i^-D_i^-)^2\right] \\ \text{s.t.}\begin{cases} 0\leqslant N_i^+, N_i^- \leqslant 1 \\ N_i^+ + N_i^- = 1 \end{cases} \end{cases} \tag{5.18}$$

依据$\dfrac{\mathrm{d}F(N_i^+)}{\mathrm{d}N_i^+}=0$，目标规划式(5.18)有唯一最优解，即

$$N_i^+ = \frac{1}{1+\left(\dfrac{D_i^+}{D_i^-}\right)^2} = \frac{(D_i^-)^2}{(D_i^+)^2+(D_i^-)^2} \tag{5.19}$$

因此，N_i^+可以作为一种度量距离接近度的变量来衡量距离贴近度，该值越大说明与理想解越接近，则评价越高。

2. 灰色关联度分析的局限性及其改进分析

灰色关联度分析[52]是一种研究少数据、贫信息不确定性问题的新方法。其基本思想是根据序列曲线几何形状的相似程度来判断其联系是否紧密，曲线越接近，相应序列之间的关联度就越大，反之就越小。由于此方法对样本量的大小没有特殊要求，分析时也不需要典型的分布信息，因而获得了广泛的应用。

目前最常用的关联度计算方法大多数是文献中提到的邓氏关联度，具体如下：

设特征序列为$\boldsymbol{X}_0=(x_0(1), x_0(2), \cdots, x_0(m))$，相关因素序列为

$$X_1 = (x_1(1), x_1(2), \cdots, x_1(m))$$
$$\vdots$$
$$X_i = (x_i(1), x_i(2), \cdots, x_i(m))$$
$$\vdots$$
$$X_n = (x_n(1), x_n(2), \cdots, x_n(m))$$

则关联系数为

$$\gamma((x_0(k), x_i(k)) = \frac{\min\limits_i \min\limits_k \Delta_i(k) + \zeta\Delta_{\max}}{\Delta_i(k) + \zeta\Delta_{\max}} \tag{5.20}$$

式中，$\Delta_i(k) = |x_0(k) - x_i(k)|$，$\Delta_{\max} = \max\limits_i \max\limits_k |x_0(k) - x_i(k)|$。

相应的关联度为

$$\gamma(X_0, X_i) = \sum_{k=1}^{m} w_k \cdot \gamma(x_0(k), x_i(k)) \tag{5.21}$$

针对武器电子系统质量评估的特点，传统灰色关联度分析存在一些明显的不足，总结起来主要有以下几点：

(1) 关联度主要考虑了序列对应比较点的静态距离，而没有考虑序列在变化趋势上的差异，可能会出现变化态势不一致但对应比较点距离相同的序列关联度相同的情况。如图5.8所示，X_0为绝对理想点，X_1、X_2为武器电子系统不同的测量次数，由于比较点的距离相同，所以根据式(5.21)计算得到的X_2、X_1与X_0的关联度相同，但是从图中可明显看出X_1与X_0更相似，即X_1比X_2中的评估指标数据稳定，依据当前关联度计算，质量状况分析可能有悖于现实。

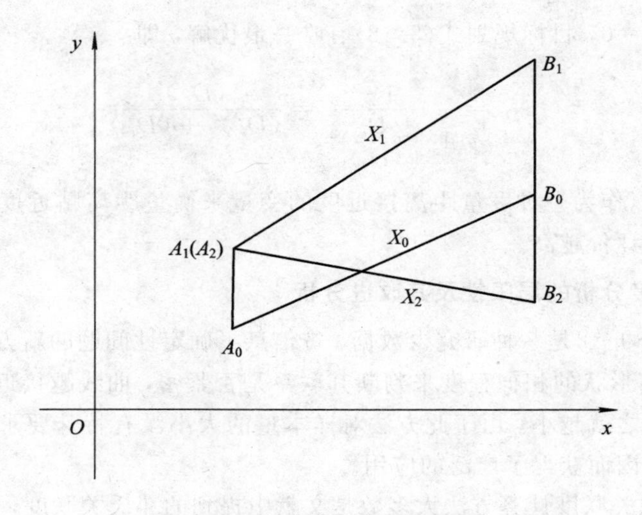

图 5.8 序列常规关联度比较

（2）分辨系数 ξ 的取值没有具体方法，常依赖于经验，大多数文献建议取 $\zeta=0.5$，但这种方法并不一定适合所有的情况。

趋势关联分析所建立的趋势关联函数可以综合表征系统动态之间的“相似性”和序列点变化速率的接近程度，尤其是对系统之间的动态变化趋势，比灰色关联度分析优势更加明显[28]。本文对灰色关联度进行了拓展，基于趋势关联函数，提出了趋势关联度，其能更好地“摹绘”指标测量数据序列与理想点、临界点潜在的变化趋势规律。

引理[53]　时序 ΔX_r 及 $\Delta X_c \in \Delta X$，如果

$$\varepsilon_{rc}(k)=\varepsilon_{rc}(\Delta X_r, \Delta X_c)=[1+0.5|\Delta X_{rc}(k)+\Delta X_{rc}(k-1)|+|\Delta X_{rr}(k)-\Delta X_{cc}(k)|]^{-1} \tag{5.22}$$

其中：

$$\Delta X_{rr}(k)=\Delta X_r(k)-\Delta X_r(k-1)$$

$$\Delta X_{cc}(k)=\Delta X_c(k)-\Delta X_c(k-1)$$

$$\Delta X_{rc}(k)=\Delta X_r(k)-\Delta X_c(k-1) \qquad k=1, 2, 3, \cdots, n$$

则 $\varepsilon_{rc}(k)$ 是 ΔX_r 和 ΔX_c 的一种趋势关联函数。

定义 5.3[28]　若 $\varepsilon_{rc}(k)$ 是 ΔX_r 和 ΔX_c 的趋势关联函数，则称

$$\Xi=\frac{\sum_{k=2}^{n}\varepsilon_{rc}(k)\cdot r(k)}{\sum_{k=2}^{n}r(k)} \tag{5.23}$$

为 ΔX_r 和 ΔX_c 的趋势关联度，其中 $r(k)=r[k-1, k]$。

定义 5.4　若 $\mathbf{V}^+=\{v^+(1), v^+(2), \cdots, v^+(m)\}$ 和 $\mathbf{V}^-=\{v^-(1), v^-(2), \cdots, v^-(m)\}$ 为绝对理想点和绝对临界点，$\mathbf{X}_i=\{x_i(1), x_i(2), \cdots, x_i(m)\}$ 为测点序列满意概率指数，构造趋势关联函数为

$$\xi_i^+(k)=[1+0.5|\Delta x_{v^+i}(k)+\Delta x_{v^+i}(k-1)|+|\Delta v_{v^+v^+}(k)-\Delta x_{ii}(k)|]^{-1}$$

$$\xi_i^-(k)=[1+0.5|\Delta x_{v^-i}(k)+\Delta x_{v^-i}(k-1)|+|\Delta v_{v^-v^-}(k)-\Delta x_{ii}(k)|]^{-1}$$

则称

$$\bar{R}_i^+=\frac{1}{n-1}\sum_{k=2}^{m}\xi_i^+(k) \tag{5.24}$$

$$\bar{R}_i^-=\frac{1}{n-1}\sum_{k=2}^{m}\xi_i^-(k) \tag{5.25}$$

为绝对理想点趋势关联度和绝对临界点趋势关联度。式中：

$$\Delta x_{v^+i}(k)=v_i^+(k)-x_i(k), \Delta x_{ii}(k)=x_i(k)-x_i(k-1),$$

$$\Delta v_{v^+v^+}(k)=v_i^+(k)-v_i^+(k-1),$$

$$\Delta x_{v^-i}(k)=v_i^-(k)-x_i(k), \Delta x_{v^-v^-}(k)=v_i^-(k)-v_i^-(k-1)$$

同理，定义绝对理想点灰色关联度和绝对临界点灰色关联度如下：

定义 5.5　若 $\boldsymbol{V}^{+}=\{v^{+}(1), v^{+}(2), \cdots, v^{+}(m)\}$ 和 $\boldsymbol{V}^{-}=\{v^{-}(1), v^{-}(2), \cdots, v^{-}(m)\}$ 为绝对理想点和绝对临界点，$\boldsymbol{X}_i=\{x_i(1), x_i(2), \cdots, x_i(m)\}$ 为测点序列满意概率指数，按式(5.21)，定义绝对理想点灰色关联度和绝对临界点灰色关联度分别为

$$\underline{R}_i^{+}=\sum_{k=1}^{m} w_k \cdot \gamma(v^{+}(k), x_i(k)) \tag{5.26}$$

$$\underline{R}_i^{-}=\sum_{k=1}^{m} w_k \cdot \gamma(v^{-}(k), x_i(k)) \tag{5.27}$$

在武器电子系统质量检测过程中，若系统某个指标受到强烈干扰，导致 $\Delta_{\max}$ 很大，由式(5.21)知，会使 $\zeta\Delta_{\max} \gg \Delta_i(k)$，因此各因子的关联度主要由 $\zeta\Delta_{\max}$ 决定，且都接近 1，会使分析结果可信度降低，此时，ζ 应取较小值，以削弱异常值的支配影响。若系统指标数据无异常，ζ 应取较大值，防止 $\zeta\Delta_{\max} \ll \Delta_i(k)$，体现关联度的整体性。基于理想点和临界点的灰色关联度，式(5.20)中分辨系数 ζ 的取值可按以下原则：

令 $\Delta v=\dfrac{1}{n \cdot m}\left|\sum_{i=1}^{n}\sum_{k=1}^{m}[V^{+}(k)-X_i(k)]+\sum_{i=1}^{n}\sum_{k=1}^{m}[V^{-}(k)-X_i(k)]\right|$，$\Delta\varepsilon=\dfrac{\Delta v}{\Delta_{\max}}$

当 $\Delta_{\max}>3\Delta v$ 时，有

$$0<\zeta \leqslant 1.5\Delta\varepsilon(\text{一般取 } \zeta=1.5\Delta\varepsilon) \tag{5.28}$$

当 $\Delta_{\max} \leqslant 3\Delta v$ 时，有

$$1.5\Delta\varepsilon<\zeta \leqslant 2\Delta\varepsilon(\text{一般取 } \zeta=2\Delta\varepsilon) \tag{5.29}$$

5.3.3　基于相似理论贴近度的动态评估算法

TOPSIS 法反映了数据序列在位置上逼近理想方案的程度，但却不能体现数据序列在形状相似性上逼近理想方案的程度；而灰色关联度分析和趋势关联分析适用于态势变化分析，能很好地反映数据序列曲线在形状上的相似性。因此，二者能优势互补。

相似系统分析的实质是形状相似性与距离接近性分析的结合体；而基于空间距离的 TOPSIS 法和基于关联度分析所建立的隶属距离贴近度和相似贴近度可综合表征系统(测量数据序列)动态行为之间的“相似性”和“接近性”，可作为相似的综合度量。

定义 5.6　设测量序列 X_i 和 X_j 长度相同，$\underline{R}_i^{+}(\underline{R}_i^{-})$ 和 $\bar{R}_i^{+}(\bar{R}_i^{-})$ 分别为 X_i 与 X_j 的灰色关联度和趋势关联度，$\rho\in[0, 1]$，则称

$$R_i^{+}=\rho\bar{R}_i^{+}+(1-\rho)\underline{R}_i^{+}, R_i^{-}=\rho\bar{R}_i^{-}+(1-\rho)\underline{R}_i^{-} \tag{5.30}$$

为 X_i 与 X_j 的理想综合关联度和临界综合关联度。

综合关联度既体现了序列 X_i 与 X_j 的相似程度，又反映了序列 X_i 与 X_j 点的变化速率的接近程度，是较为全面地表征序列之间联系是否紧密的一个数量指标。一般地，可取 $\rho=1/2$。

然而，有时会出现某一测量序列同时与理想点和临界点的关联度都较大的情况。为此，本节引入偏好系数进行修正，相似贴进度为

$$C_i^+ = \begin{cases} \dfrac{\theta_+ R_i^+}{\theta_+ R_i^+ + \theta_- R_i^-} & \theta_+ > 0,\ \theta_- < 1 \\ R_i^+ & \theta_+ = 1,\ \theta_- = 0 \end{cases} \tag{5.31}$$

式中，θ_+ 与 θ_- 为偏好系数，分别反映了决策者对测量序列与理想点、临界点的关心程度或偏好程度，一般 $\theta_+ \geqslant \theta_-$，$\theta_+ + \theta_- = 1$。当 $\theta_+ = \theta_- = \dfrac{1}{2}$ 时，相似贴近度就变为式(4.17)的形式了。

在引入绝对理想点和临界理想点的基础上，借助隶属距离贴近度和偏好系数的相似贴近度，提出了一种构造新贴近度的方法，以实现对武器电子系统动态质量的全面评估。

定义 5.7　为了综合反映测量序列与绝对理想点和绝对临界点之间的位置关系和数据曲线的差异，构造综合贴近度：

$$T_i = \mu_1 N_i^+ + \mu_2 C_i^+ \tag{5.32}$$

式中，μ_1 为决策者对距离接近的偏好程度，N_i^+ 为基于 TOPSIS 法的隶属贴近度，μ_2 为决策者对形状相似的偏好程度，C_i^+ 为基于关联分析的相似贴近度。

该贴近度将距离接近和形状相似有机结合，克服了理想解法中的逆序问题和常规关联分析中的规范性问题；而基于贴近度的武器电子系统动态评估算法，不仅物理含义更加明确，而且分析问题更全面客观。实现方法流程如图 5.9 所示。

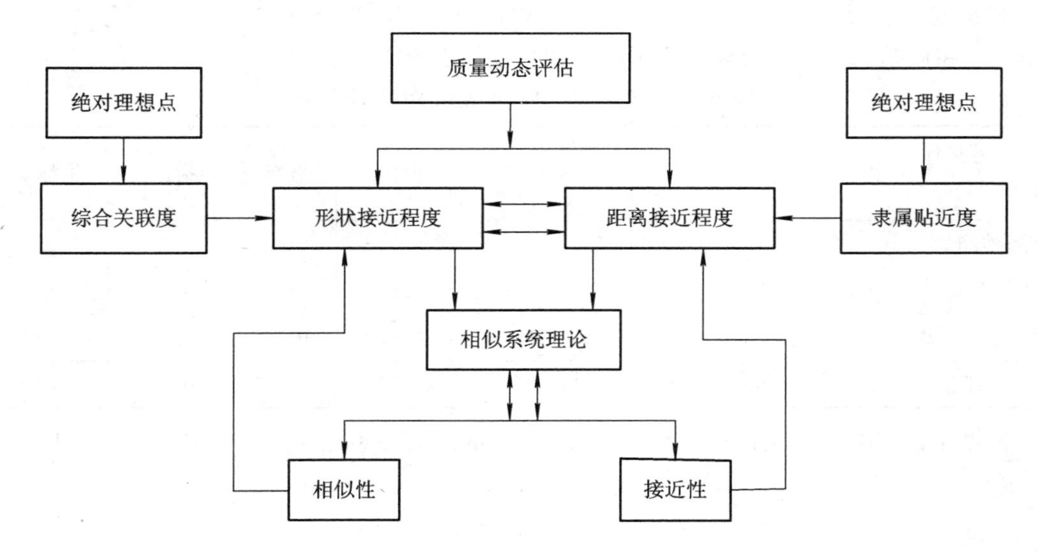

图 5.9　动态评估方法流程

动态评估算法的步骤如下：

(1) 选取 n 次测量结果，评估指标有 m 个，组成决策矩阵 $\boldsymbol{Z}=(z_{ij})_{n\times m}$。

(2) 对决策矩阵 $\boldsymbol{Z}=(z_{ij})_{n\times m}$ 中的指标属性值依据 5.2 节介绍的方法进行多源数据融合，数据融合后的决策矩阵为 $\boldsymbol{P}=(p_{ij})_{n\times m}$。

(3) 设定绝对理想点和临界理想点，按式(5.16)、式(5.17)、式(5.19)计算隶属贴近度 N_i^+。

(4) 按式(5.24)、式(5.25)计算理想点趋势关联度 $\overline{R}_i^+$ 和临界点趋势关联度 $\overline{R}_i^-$。

(5) 按式(5.26)、式(5.27)计算理想点灰色关联度 $\underline{R}_i^+$ 和临界点灰色关联度 $\underline{R}_i^-$。

(6) 按式(5.31)计算相似贴近度 C_i^+。

(7) 按式(5.32)计算每次测量序列的综合贴近度 T_i。

(8) 依据决策结果，进行质量动态评估分析，制定武器电子系统质量维护方案。

5.4 实例分析

本节以某武器电子系统为例，进行其动态质量评估实例分析。某次检测数据与前几次检测数据量化值如表 3.1(见 3.5 节)所示。

由于计算各个指标测量数据的知识度值 $K_{c,a,p}$ 需要大量数据，限于篇幅原因，文中不做具体计算，只给出计算结果，具体计算方法见 5.2.4 节。

知识度值依次为 $\boldsymbol{K}_{c,a,p}=(0.812, 0.823, 0.792, 0.851, 0.862, 0.765, 0.843, 0.824)$，在此基础上各个指标的测量数据融合值如表 5.1 所示。

表 5.1 某武器电子系统性指标融合值

次数＼指标	指标 1	指标 2	指标 3	指标 4	指标 5	指标 6	指标 7	指标 8
当前测量	0.847	0.675	0.617	0.867	0.723	0.758	0.814	0.863
历史测量 A	0.789	0.748	0.817	0.758	0.852	0.852	0.713	0.804
历史测量 B	0.887	0.883	0.741	0.928	0.924	0.712	0.847	0.824
历史测量 C	0.907	0.841	0.897	0.774	0.875	0.841	0.896	0.819

依据某武器电子质量评估特点，其动态评估的绝对理想点为绝对临界点，分别为

$$\boldsymbol{V}^+ = (1.0, 1.0, 1.0, 1.0, 1.0, 1.0, 1.0, 1.0)$$

$$\boldsymbol{V}^+ = (0.5, 0.5, 0.5, 0.5, 0.5, 0.5, 0.5, 0.5)$$

按式(5.16)、式(5.17)、式(5.19)得

$$D_0^+ = 0.671, D_0^- = 1.201, N_0^+ = 0.763$$

$$D_A^+ = 0.670,\ D_A^- = 1.224,\ N_A^+ = 0.771$$
$$D_B^+ = 0.665,\ D_B^- = 1.301,\ N_B^+ = 0.793$$
$$D_C^+ = 0.662,\ D_C^- = 1.320,\ N_C^+ = 0.828$$

按式(5.24)和式(5.25)得

$$\bar{R}_0^+ = 0.053,\ \bar{R}_0^- = 0.066$$
$$\bar{R}_A^+ = 0.053,\ \bar{R}_A^- = 0.056$$
$$\bar{R}_B^+ = 0.054,\ \bar{R}_B^- = 0.047$$
$$\bar{R}_C^+ = 0.056,\ \bar{R}_C^- = 0.048$$

按式(5.28)和式(5.29)得

$$\Delta v = \frac{1}{32}\left|5.91 - 10.09\right| = 0.131$$
$$\Delta_{\max} = 0.428$$
$$\Delta\varepsilon = \frac{\Delta v}{\Delta_{\max}} = 0.306$$

而 $\Delta_{\max}=0.428>3\Delta v=0.393$，故 $\zeta=1.5\Delta\varepsilon=0.459$，从而有

$$\underline{R}_0^+ = 0.639,\ \underline{R}_0^- = 0.696$$
$$\underline{R}_A^+ = 0.655,\ \underline{R}_A^- = 0.631$$
$$\underline{R}_B^+ = 0.777,\ \underline{R}_B^- = 0.594$$
$$\underline{R}_C^+ = 0.789,\ \underline{R}_C^- = 0.580$$

令 $\rho=\frac{1}{2}$，$\theta_+=\theta_-=\frac{1}{2}$，按式(5.30)与式(5.31)得

$$R_0^+ = 0.346,\ R_0^- = 0.381,\ C_0^+ = 0.477$$
$$R_A^+ = 0.354,\ R_A^- = 0.384,\ C_A^+ = 0.479$$
$$R_B^+ = 0.416,\ R_B^- = 0.321,\ C_B^+ = 0.564$$
$$R_C^+ = 0.423,\ R_C^- = 0.314,\ C_C^+ = 0.574$$

用隶属贴近度和相似贴近度得到的结果依次为

$$N_0^+ = 0.765,\ N_A^+ = 0.771,\ N_B^+ = 0.782,\ N_C^+ = 0.808$$
$$N_C > N_B > N_A > N_0$$
$$C_0^+ = 0.477,\ C_A^+ = 0.479,\ C_B^+ = 0.564,\ C_C^+ = 0.574$$
$$C_C > C_B > C_A > C_0$$

令 $\mu_1=0.7$，$\mu_2=0.3$，由 $T_i=\mu_1 N_i^+ + \mu_2 C_i^+$，得

$$T_0 = 0.679,\ T_A = 0.692,\ T_B = 0.717,\ T_C = 0.738$$
$$T_C > T_B > T_A > T_0$$

基于相似理论的综合贴近度动态评估算法，不仅使生硬的指标数据转化为该测量序列

与理想点和临界点的综合贴近度，而且物理意义更加明确。其与基于隶属贴近度和基于相似贴近度的单一动态评估方法比较，结果分析如下：

(1) 综合评估结果($T_C > T_B > T_A > T_0$)与单一方法下的评估($N_C > N_B > N_A > N_0$)和($C_c > C_B > C_A > C_0$)排序结果一致。

(2) 综合贴近度评价值与隶属贴近度评价值能很好地反映武器电子系统质量状况，但排序差值 $\Delta T = 0.059 > \Delta N = 0.043$。

(3) 尽管相似贴近度的排序差值 $\Delta C = 0.097$ 最大，但其贴近度评价值不能反映武器电子系统的质量状况。

综上所得，该方法不仅反映了测量序列与绝对理想点和绝对临界点之间的位置关系和数据曲线的差异，而且在测量数据差异不显著的情况下，能使武器电子系统质量状况在不同测量时间的差异放大，使评估结果拉开档次，便于管理者对系统质量进行决策，适合武器系统动态评估特点，为全面分析动态质量状况提供了一种新的方法。

5.5 本章小结

在基于扩展的贝叶斯数据融合过程中，应用信息熵和测量不确定度理论解决了测量数据知识度和满意度难以评定的问题，为武器电子系统质量的稳健评估奠定了基础。在引入综合质量指数估算模型和多属性决策理论的基础上，提出了基于小子样数据的静态平方加权评估算法和基于相似理论综合贴近度的评估算法，实现了武器电子系统质量的静态评估和动态评估。

第 6 章
基于证据理论的评估结果可信度分析

6.1 引　　言

质量评估是把双刃剑，可靠的评估结论有助于给决策带来理论支持，而不可靠的评估结论会给决策带来较大的风险。要避免由于评估结论的不可靠而带来的决策失误，有必要对武器电子系统质量评估结论的可信度进行度量。本章以元评估思想为主导，提出了基于D-S证据理论与专家评定相结合的方法来对元评估结果的可信性进行测度，主要包括以下内容：

(1) 在分析传统质量评估的基础上，借助元评估思想，给出了武器电子系统质量稳健评估的流程图，并进行了可行性分析。

(2) 针对质量评估结果的可信度问题，提出一种基于权重的D-S证据理论与专家评定相结合的可信度测度方法。该方法借鉴元评估思想，依据多个专家对评估结果的定性评判，对专家评估结论进行证据合成，实现元评估的可靠度度量，为武器电子系统稳健评估提供了一种有力的技术支撑。

(3) 依据基于权重的D-S证据理论与专家评定相结合的可信度测度方法对武器电子系统质量元评估的结果进行实例验证。

6.2 基于元评估理论的稳健评估流程

6.2.1 元评估理论介绍

元评估[54,55](Meta-Evaluation)是评估学中的一个基本概念，简而言之，就是对评估本身的评估。通常认为，元评估的客体就是原来评估的结果。因此，元评估更侧重于验证元评估结果的正确性和评价结果的科学性。

元评估是对评估的结构、过程、结论进行全面、系统的再评估，以修正评估结论，改进评估活动的过程。目前国内对元评估的研究大都集中在教育评价理论方面，而在其他领域并不多见。按照库克(Cook)和格鲁德(Gruder)的观点，如果一个评估结论要经得起推敲，就需要通过元评估。这也正与本章讨论的评估可信度的思路一致。元评估与元评估过程的关系可由图6.1表示出来。

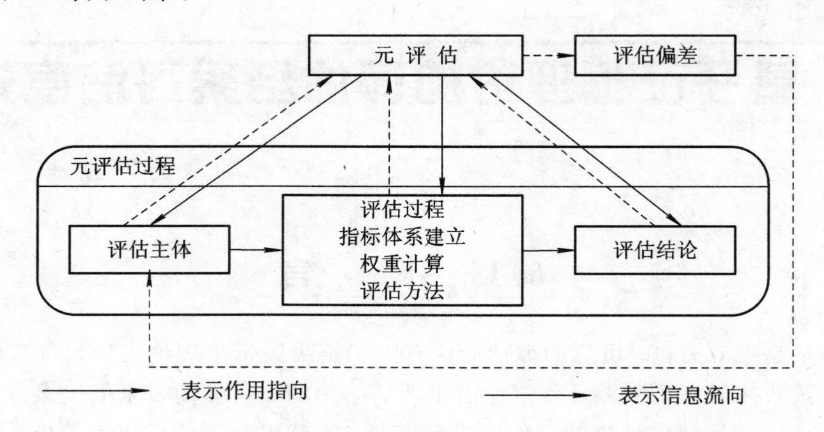

图6.1 元评估结构示意图

元评估的目标是要找出原来的评估偏差，而这些偏差来自原来评估中的不确定因素。书中在第2～4章对评估过程中的不确定因素分别从指标体系的构建优化、权重计算以及基于数据融合的评估算法的实现进行了分析，本章将重点对评估结果的可信度进行分析，通过结果的属性以实现对上述章节内容的反馈。

6.2.2 稳健评估理论介绍

稳健评估(Robust Evaluation)是一个缩减评估风险、提高评估可靠性而不断演化逼近一致结论的过程。稳健评估与传统评估的最大区别在于评估对象不同。传统评估注重评估结果，而稳健评估则对评估结果的可信度进行测度，在方法上降低了潜在的评估风险。本节借鉴元评估的思想，依据D－S证据理论来构建评估结果的可信度测控机制，在理论上，为武器电子系统质量的稳健评估理论提供方法支撑；在实际上，可获取稳健的质量评估结果，提高评估决策能力。

传统的评估方法论及通常的评估框架在考虑缩减评估风险方面存在不足：缺乏可反馈的评估环节，缺乏灵活的评估指标体系，缺乏充分的评估数据源采集与聚合手段。这使得一般的评估方法难以满足稳健评估的要求。在评估过程中缩减评估风险的影响并取得可靠的评估结果从而有力地支持科学决策，是评估工作者应该达到的目标之一，也是稳健评估努力的方向。

为此，需要再分析一下稳健评估的概念。稳健评估，具体而言，它是一个随着评估论证的深入以及评估信息的不断增加，可借助于信息融合方法与风险缩减技术，对尽可能利用的多种评估数据源进行融合评估，并经过不断的评估反馈，使得评估结论逐步趋于稳定一致的评估过程。可见，稳健评估也是一种谨慎的评估理念(Prudent Evaluation Belief)，面对具有不确定性因素的评估问题要本着合理、全面与稳妥的理念，借助于评估信息融合、评估风险测度、缩减与反馈技术，寻求决策者满意的、评估风险较小的评估结果。

稳健评估概念强调，采用尽可能多的可利用的评估信息源消除评估中的不确定性，如武器电子系统评估主要采用以专家数据源和仿真数据源为主数据源；可对评估风险进行测度，在评估过程中产生具有导向性的信息，引导着新一轮评估活动，对评估结果进行反复的均衡，以最终得到合理、可靠的评估结论。

本节借鉴传统的评估方法论优点，尽量克服其局限性，提出一套武器电子系统稳健评估方法论框架：根据上述稳健评估的定义与需求，稳健评估过程需要包括评估需求及指标体系构建环节、评估多数据源融合环节、评估风险测控环节等关键支撑部分。

评估需求及指标体系构建环节包括：分析评估对象问题，指导建立合理、可靠的评估指标体系。

评估多数据源融合环节包括：评估数据源的采集，如专家数据源的采集与仿真数据源的采集；采集到效能评估数据源后，往往是不同性质的数据，首先需要归一化，采用信念图统一表达的方法进行归一化，然后采用扩展贝叶斯融合方法进行多种评估数据源的融合；求取综合的效能评估值，并进行多轮评估，每一轮的评估结论需要保存起来作进一步分析。

评估风险测控环节包括：对评估过程与评估结果进行分析，得到评估活动需要改进的因素与建议，反馈给下一轮改进的评估，经过反复迭代，最后得到稳定的风险可缩减的评估结果。

稳健评估方法论体现了评估需求→多数据源融合→评估方法→评估结果→分析评估风险与反馈评估建议等关键流程。于是，稳健评估总体框架的关键技术包括评估指标体系的构建、评估数据源的采集与验证、评估多数据源的融合、评估风险的测度与控制等内容。

6.2.3　传统评估方法与稳健评估方法的比较

传统的评估流程形式呈现单向直线性，如图 6.2 中虚框所示，即从评估流程的开始到结束按顺序一次性完成，无中间的反馈回路，这种形式缺乏一种引导评估结果走向可信的途径和措施。一个合理的令人满意的评估结论常需要经过反复的测评才能得到，而这个测评过程是一个反复调整、反复权衡的评估回路，即稳健评估，如图 6.2 所示。

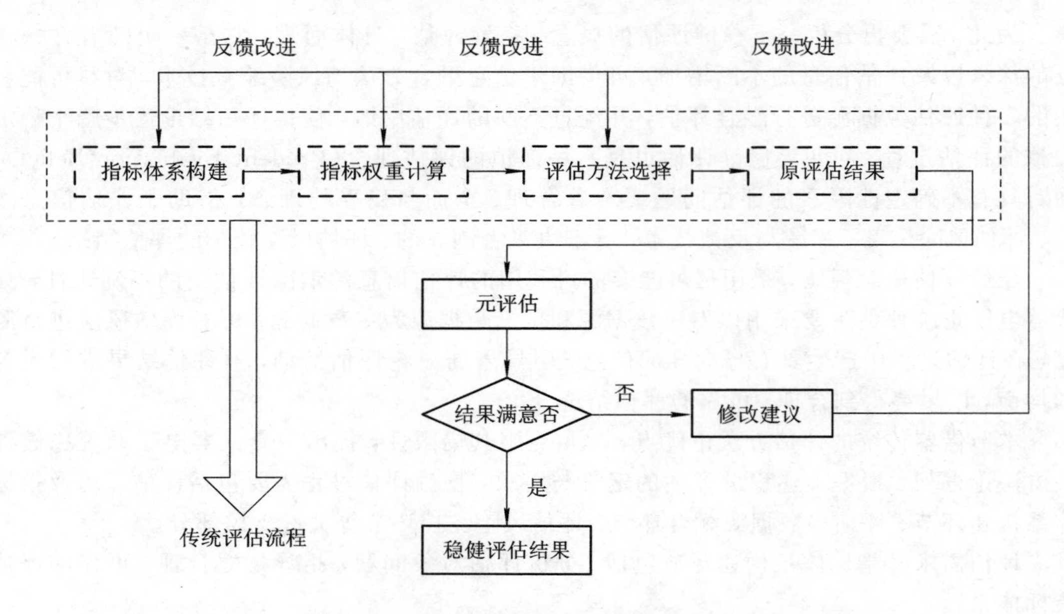

图 6.2 传统评估与稳健评估流程图

6.2.4 稳健评估在武器电子系统质量评估中的可行性分析

指标体系的构建优化、指标权重的计算、评估方法的选择，已在第 2～4 章中作过详细介绍；在反馈改进的环节上，结合武器电子系统质量评估的实际，作以下可行性分析：

(1) 在指标体系的构建上，确保担负检测任务的部队要与生产厂和设计人员建立信息反馈良性互动，使指标的建立在动态过程中反复平衡，确保评估结果稳健可靠。

(2) 在指标权重的计算上，依据多次的质量评估结果的反馈，邀请资深专家以问卷的形式反复权衡指标的重要度与区分度，最终实现指标权重的稳定。

(3) 在评估方法的选择上，确立多种成熟的评估方法，依据评估结果的可信度分析，对评估方法取长补短，不断进行革新，最终确立一种适合武器电子系统评估的方法。

(4) 在元评估结果的分析上，下文将基于 D－S 证据理论作详细介绍。

6.3 D－S 证据理论介绍

D－S 理论[56](Dempster－Shafter 理论)又称证据理论或信任函数理论，它是经典概率论的一种扩充形式，这一理论于 1967 年由 Dempster 首先提出，后由 Shafter 进行了扩充，在此基础上产生了处理不确定信息的证据理论。证据理论是把证据的信任函数与概率的上下值相联系，提供了一种构造不确定推理模型的一般框架，能满足比概率更弱的公理系统。证据合成公式满足交换率，与信息的前后顺序无关，因而在计算上具有很好的灵活性。

与条件贝叶斯合成公式相比，Dempster 合成公式比较简洁，不需要特别的先验条件和假设，即便在信息很少的情况下，也能协调不同专家的意见，综合反映大多数证据广泛一致的意见，因此比较适合应用于多个证据交合比较大的情况。

6.3.1　信度函数

在 D-S 证据理论中，一个样本空间称为一个识别空间，常用 Θ 表示。设 $\Theta=\{H_1, H_2, \cdots, H_N\}$ 为识别空间，2^Θ 为 Θ 的幂集，即 $2^\Theta=\{\phi, \{H_1\}, \{H_2\}, \cdots\{H_N\}, \{H_1\cup H_2\}, \{H_1\cup H_3\}, \cdots, \Theta\}$，则函数 m：$2^\Theta\rightarrow[0, 1]$称 m 为 Θ 上的基本概率分配(Basic Probability Assignment)，简称 mass 函数，如果满足

$$(1)\ \sum_{A\subseteq\Theta} m(A)=1 \tag{6.1}$$

$$(2)\ m(\phi)=0 \tag{6.2}$$

$$(3)\ m(A)\geqslant 0,\ \forall A\in\Theta \text{ 且 } A\neq\phi \tag{6.3}$$

式中，A 称为证据 m 的焦元，所有焦元的集合成为核；$m(A)$表示证据支持命题 A 发生的程度，而不支持任何 A 的真子集，证据是由证据体$(A, m(A))$组成的。

对于任何的命题集，D-S 理论提出了信度函数(Belief Function，Bel)的概念：

$$\mathrm{Bel}(A)=\sum_{B\subset A} m(B)\qquad(\forall A\subset\Theta) \tag{6.4}$$

即 A 的信任度函数为 A 中每个子集的信度值之和。由信度函数的概念可以得到

$$\begin{cases}\mathrm{Bel}(\phi)=0\\ \mathrm{Bel}(\Theta)=1\end{cases} \tag{6.5}$$

6.3.2　似然函数

对于一个命题 A 的信任仅仅用信度函数来描述是不够的，因为 $\mathrm{Bel}(A)$不能反映出我们怀疑 A 的程度，即我们相信 A 的为非真的程度，所以引入 $\forall A\in H$，定义

$$\mathrm{Dou}(A)=\mathrm{Bel}(\bar{A})\qquad \mathrm{Pl}(A)=1-\mathrm{Bel}(\bar{A}) \tag{6.6}$$

则称 Dou 为 Bel 的怀疑函数，Pl 为 Bel 的似然函数(Plausibility Function，Pl)；$\mathrm{Dou}(A)$为 A 的怀疑度，$\mathrm{Pl}(A)$为 A 的似真度。可以用与 Bel 对应的 m 来重新表示 Pl：

$$\mathrm{Pl}(A)=1-\mathrm{Bel}(A)=\sum_{B\subset\Theta} m(B)-\sum_{B\subset\bar{A}} m(B)=\sum_{B\cap A=\phi} m(B) \tag{6.7}$$

6.3.3　Dempster 合成法则

D-S 证据理论的基本策略是把证据集合划分为若干不相关的部分(独立的证据)，并

分别利用它们对识别框独立进行判断。在每个证据下对识别框中每个假设都存在一组判断信息，称之为该证据的信任函数，其相应的概率分布为该信任函数所对应的基本概率分配函数。根据不同证据下对某一假设的判断，按照某一规则进行组合，即对该假设进行各信任函数的综合，可形成综合证据(信任函数)下对该假设的总的信任度，进而分别求出所有假设在综合证据下的信任程度。

设 Bel_1 与 Bel_2 是同一辨识框架 Θ 上的两个独立证据信任函数，m_1 与 m_2 分别是其对应的基本概率指派函数，焦元分别为 A_1，A_2，…，A_k 和 B_1，B_2，…，B_l，见图 6.3，其中 [0，1]中的某一段表示各自的基本可信度分配决定的某一焦元信度。

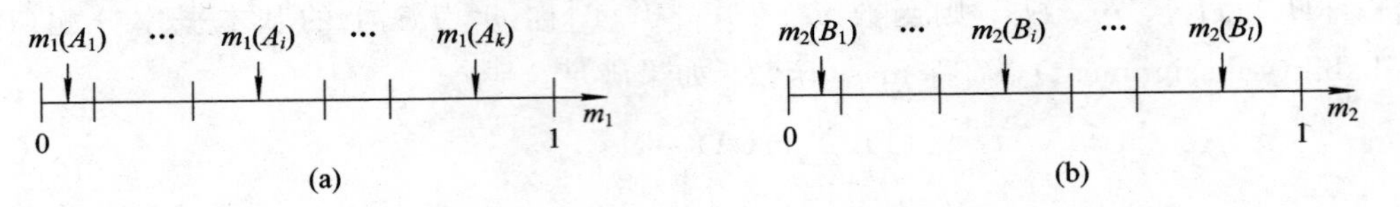

图 6.3　基本可信度分配图示

由图 6.3 可得到一系列矩形，将整个大的矩形看做总的信度，如图 6.4 所示。竖条表示 m_1 分配到它的焦元 A_1、A_2、…、A_k 上的信度，横条表示 m_2 分配到它的焦元 B_1、B_2、…、B_l 上的信度。横、竖条的相交处具有测度 $m_1(A_i)m_2(B_j)$，因为它同时分配到 A_i 和 B_j 上的，所以 Bel_1 和 Bel_2 的联合作用就是将 $m_1(A_i)m_2(B_j)$ 确切地分配到 $A_i \cap B_j$ 上。

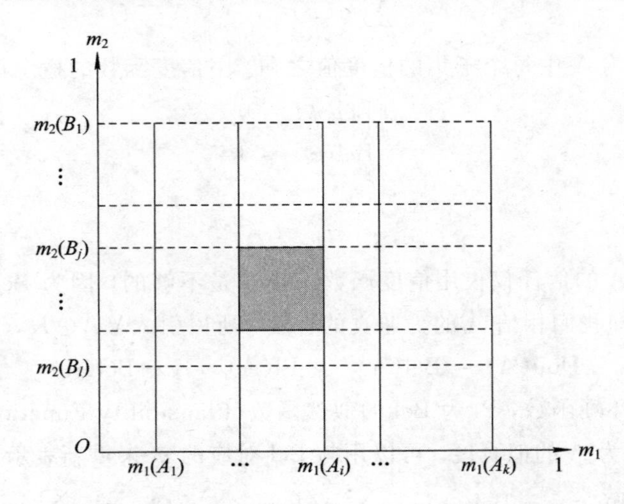

图 6.4　信度函数的合成

当 $A=\phi$ 时，按此理解将有部分信度分到空集，这不符合事实。当 $A\neq\phi$ 时，Dempster 合成法则为

$$m(A)=\frac{\sum\limits_{A_i\cap B_j=A} m_1(A_i)m_2(B_j)}{1-\sum\limits_{A_i\cap B_j=\phi} m_1(A_i)m_2(B_j)} \tag{6.8}$$

对于多个信度的合成，令 m_1、…、m_n 分别表示个信息的信度分配，如果它们是由独立的信息得出的，则有

$$m(A)=\frac{\sum\limits_{\cap A_i=A}\prod\limits_{i=1}^{n} m_i(A_i)}{1-\sum\limits_{\cap A_i=\phi}\prod\limits_{i=1}^{n} m_i(A_i)} \tag{6.9}$$

6.4　基于 D-S 证据理论与专家评定相结合的可信度测度算法的实现

6.4.1　专家模糊评定与可信度量化表达模型的建立

对元评估结果可信度评定，需要建立相应的评定准则，即通过专家经验或已有知识，事先划定一类可参照的等级作为评判的基准点。本节将信任等级集划分为 $\boldsymbol{\Omega}=\{$优(A_1)，良(A_2)，中(A_3)，差$(A_4)\}$四个模糊性级别，有必要对此进行模糊评语量化表达。

专家(假设 N 位)对评估结果的评定常依赖于知识、经验等，常采用“很”、“极”等模糊词来表示。假设模糊评语集 $\mathbf{V}=\{$极好，很好，好，一般，差，很差，极差$\}$，构造与评语集对应的数量 7 元组 $\mathbf{V}=(v_1, v_2, v_3, \cdots, v_7)$来充分定量表示各模糊评语，其中 w_i 表示第 i 个评语元素在[0，1]之间的实数，模糊评语的 7 元组如表 6.1 所示；同样采用这种 7 元组形式，将信任等级集、各个元素进行量化，如表 6.2 所示。

表 6.1　模糊评语的 7 元组表示

$v_j(A_k)$	1	2	3	4	5	6	7
优(A_1)	1	0.75	0	0	0	0	0
良(A_2)	0	0.25	0.75	0.5	0	0	0
中(A_3)	0	0	0	0.75	1	0.25	0
差(A_4)	0	0	0	0	0	0.75	1

表 6.2 信任等级的 7 元组表示

v_{ji}	1	2	3	4	5	6	7
极好	1	0.75	0	0	0	0	0
很好	0.25	1	0.75	0	0	0	0
好	0	0.25	1	0.75	0	0	0
一般	0	0	0.5	1	0.5	0	0
差	0	0	0	0.75	1	0.25	0
很差	0	0	0	0	0.75	1	0.25
极差	0	0	0	0	0	0.75	1

定义 专家 j 对元评估结果的模糊评语与信任等级 $\boldsymbol{\Omega}$ 中各个等级元素的相似程度，称为匹配度，其表达式为

$$v_j^R(A_k) = \frac{\sum_{i=1}^{7}(v_j^R \wedge v_i(A_k))}{\sum_{i=1}^{7}(v_j^R \vee v_i(A_k))} \quad k = 1, 2, 3, 4 \tag{6.10}$$

式中，$j=1, 2, \cdots, N$，$\wedge$ 表示取最小值运算，$\vee$ 表示取最大值运算。

将式(6.10)进行如下归一化处理：

$$\overline{v_j^R}(A_k) = \frac{v_j^R(A_k)}{\sum_{k=1}^{4} v_j^R(A_k)} \qquad k = 1, 2, 3, 4, j = 1, 2, \cdots, N \tag{6.11}$$

$\overline{v_j^R}(A_k)$仍反映了专家 j 的评判意见隶属信任等级(优、良、中、差)$\boldsymbol{Q}_j^R$ 的程度。

$$\boldsymbol{Q}_j^R = \{\overline{v_j^R}(A_1), \overline{v_j^R}(A_2), \overline{v_j^R}(A_3), \overline{v_j^R}(A_4)\} \tag{6.12}$$

6.4.2 基于 D－S 证据理论的信度 mass 函数的建立

由于每个专家在知识层次、理解和信念偏好上的不同，因此其结论的说服力也会有差异。根据专家的知识水平和权威性，给出 N 个专家的权重为

$$(w_1^R, w_2^R, \cdots, w_N^R) \quad 且 \quad \sum_{j=1}^{n} w_j^R = 1 \tag{6.13}$$

假定在一组专家中，专家对评判结果的可靠程度除了与其自身的经验、偏好有关外，还与其同最高权威的知识的相对差异有关，则专家 j 对结果的评判可靠度是

$$\eta_j^R = \gamma_j^R \cdot \frac{w_j^R}{\max\limits_{1\leqslant i\leqslant n} w_j^R} \qquad j = 1, 2, \cdots, n \tag{6.14}$$

式中，γ_j^R是一个反映专家偏好的系数，取值为 $0.8\leqslant\gamma_j^R\leqslant1$。

专家 j 对评估意见的修正隶属度为

$$Q_j^{R^*} = \eta_j^R \cdot Q_j^R \tag{6.15}$$

而专家 j 对评估结果的评估意见的不确定部分为

$$1 - \sum_{k=1}^{4} \eta_j^R \cdot \overline{v_j^R}(A_k) \tag{6.16}$$

由 D－S 证据理论可知，式(6.16)表示形式满足 mass 函数性质，则专家 j 对评估意见构造的 mass 函数为

$$m_j^R(A) = \begin{cases} \eta_j^R \cdot \overline{v_j^R}(A_1) & A = \{A_1\} \\ \eta_j^R \cdot \overline{v_j^R}(A_2) & A = \{A_2\} \\ \eta_j^R \cdot \overline{v_j^R}(A_3) & A = \{A_3\} \\ \eta_j^R \cdot \overline{v_j^R}(A_4) & A = \{A_4\} \\ 1 - \sum_{k=1}^{4} \eta_j^R \cdot \overline{v_j^R}(A_k) & A = \boldsymbol{\Omega} \end{cases} \tag{6.17}$$

将其记为

$$\boldsymbol{m}_j^R = \{m_j^R(A_1),\ m_j^R(A_2),\ m_j^R(A_3),\ m_j^R(A_4),\ m_j^R(\Omega)\} \tag{6.18}$$

6.4.3　模糊集脆性系数

为了实现评估结果可信度的量化表达，必须对决策因素进行反模糊化，模糊集脆性系数可表示为

$$K(x) = \frac{\sum_{i=0}^{n}(b_i - c)}{\sum_{i=0}^{n}(b_i - c) - \sum_{i=0}^{n}(a_i - d)} \tag{6.19}$$

对应各个评语的隶属函数如图 6.5 所示。

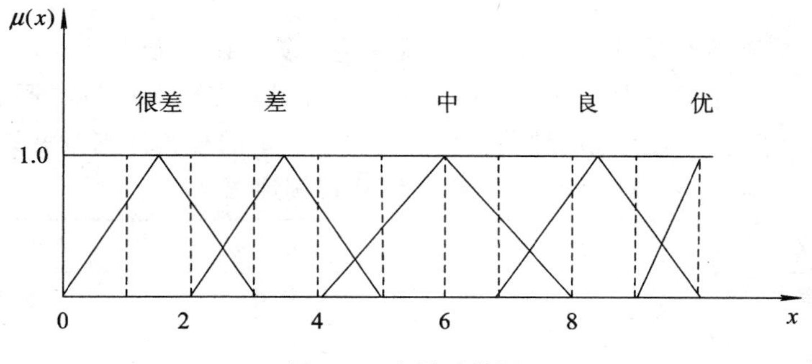

图 6.5　隶属函数图

以模糊评语描述“差”为例，求其脆性系数。由图 6.5 易得 $a_0=2$，$b_0=5$，$a_1=3.5$，$c=0$，$d=10$，代入式(6.19)有

$$K(x)=\frac{(b_0-c)+(b_1-c)}{\{(b_0-c)+(b_1-c)\}-\{(a_0-d)+(a_1-d)\}}=0.370$$

同理，可得到其他模糊评语的脆性系数，如表 6.3 所示。

表 6.3 反模糊化脆性系数

模糊定义描述	反模糊脆性系数	模糊定义描述	反模糊脆性系数
很差	0.196	良	0.804
差	0.370	优	0.952
中	0.583		

6.4.4 信度 mass 函数的融合算法

由上节可知，每个专家的评估意见都对应有一个 mass 函数。基于 mass 函数，利用公式(6.9)对 N 个专家的意见进行证据合成，其综合结果为

$$\boldsymbol{m}^{(F)}=\{m^{(F)}(A_1),\ m^{(F)}(A_2),\ m^{(F)}(A_3),\ m^{(F)}(A_4),\ m^{(F)}(\Omega)\} \tag{6.20}$$

D-S 合成方法使合成结果的不确定性信息减少，符合人们对综合结果的要求，同时由合成公式产生新的 mass 函数可作为更高层次的综合，对多层次评估问题有更好的适用性。

把“优、良、中、差、很差”各等级分别对照表 6.3 得到脆性系数 $d_i(i=1, 2, 3, 4, 5)$，则元评估结果的综合可信度计算为

$$R(A)=d_1\cdot m^{(F)}(A_1)+d_2\cdot m^{(F)}(A_2)+d_3\cdot m^{(F)}(A_3)+d_4\cdot m^{(F)}(A_4)+d_5\cdot m^{(F)}(\Omega) \tag{6.21}$$

6.5 实例分析

以武器电子系统某次质量检测为例，经过权重计算、评估方法选取，最后得到了武器电子系统质量的评估结果。为了确保评估结果的可靠性，需要对质量的评估结果进行可信度测评。选择 $N=5$ 个专家组成的评估群体，对评估结果的相关评判意见如表 6.4 所示。

表 6.4 专家评判模糊评语

专家 i	结果模糊评语	专家 i	结果模糊评语
专家 1	很好	专家 4	差
专家 2	一般	专家 5	好
专家 3	一般		

评估步骤如下：

(1) 计算专家评判意见隶属信任等级的程度。

专家 1 对评估结果的模糊评语与信任等级集 $\boldsymbol{\Omega}$ 中每个等级元素的隶属度函数计算如表 6.5 所示。

表 6.5　模糊评语与 $\boldsymbol{\Omega}$ 中各等级元素的隶属度计算表

“很好”$=u_2$	0.25	1	0.75	0	0	0	0
优(A_1)	1	0.75	0	0	0	0	0
良(A_2)	0	0.25	0.75	0.5	0	0	0
中(A_3)	0	0	0	0.75	1	0.25	0
差(A_4)	0	0	0	0	0	0.75	1
$v_2 \wedge A_1$	0.25	0.75	0	0	0	0	0
$v_2 \vee A_1$	1	1	0.75	0	0	0	0
$v_2 \wedge A_2$	0	0.25	0.75	0	0	0	0
$v_2 \vee A_2$	0.25	1	0.75	0.5	0	0	0
$v_2 \wedge A_3$	0	0	0	0	0	0	0
$v_2 \vee A_3$	0.25	1	0.75	0.75	1	0.25	0
$v_2 \wedge A_4$	0	0	0	0	0	0	0
$v_2 \vee A_4$	0.25	1	0.75	0	0	0.75	1

按公式(6.10)计算得

$$v_1^R(A_1)=\frac{\sum_{i=1}^{7}(v_1^R \wedge v_i(A_1))}{\sum_{i=1}^{7}(v_1^R \vee v_i(A_1))}=\frac{1}{2.75}=0.364,$$

$$v_1^R(A_2)=0.4,\ v_1^R(A_3)=0,\ v_1^R(A_4)=0$$

即

$$\overline{v_1^R}(A_1)=0.476,\ \overline{v_1^R}(A_2)=0.524,\ \overline{v_1^R}(A_3)=0,\ \overline{v_1^R}(A_4)=0$$

记作

$$\boldsymbol{Q}_1^R=\{0.476,\ 0.524,\ 0,\ 0\}$$

同理可得其他专家意见隶属信任等级的程度：

$$\boldsymbol{Q}_2^R=\{0,\ 0.468,\ 0.532,\ 0\}$$

$$\boldsymbol{Q}_3^R=\{0,\ 0.468,\ 0.532,\ 0\}$$

$$\boldsymbol{Q}_4^R = \{0, 0.135, 0.808, 0.057\}$$

$$\boldsymbol{Q}_5^R = \{0.079, 0.665, 0.256, 0\}$$

(2) 构造专家权重修正 mass 函数。

基于模糊判断矩阵法，给出各个专家的权重：

$$(\omega_1^R, \omega_2^R, \omega_3^R, \omega_4^R, \omega_5^R) = (0.2, 0.16, 0.19, 0.22, 0.23)$$

取 $\gamma_j^R = 0.9$，专家对结果评判可靠度：

$$(\eta_1^R, \eta_2^R, \eta_3^R, \eta_4^R, \eta_5^R) = (0.783, 0.626, 0.743, 0.861, 0.900)$$

依据式(6.16)和式(6.17)，建立专家 1 对评估结果可信度的 mass 函数：

$$\boldsymbol{m}_1^R = \{0.373, 0.410, 0, 0, 0.217\}$$

同理可得到其他专家对可信度建立的 mass 函数：

$$\boldsymbol{m}_2^R = \{0, 0.293, 0.333, 0, 0.374\}, \boldsymbol{m}_3^R = \{0, 0.348, 0.395, 0, 0.257\}$$

$$\boldsymbol{m}_4^R = \{0, 0.116, 0.696, 0.049, 0.139\}, \boldsymbol{m}_5^R = \{0.071, 0.599, 0.230, 0, 0.100\}$$

(3) 合成可信度 mass 函数及对信度求值。

按式(6.9)对 mass 函数两两合成，反复进行直到全部融合成综合信度 mass 函数。以 $m_1^R \oplus m_2^R$ 融合过程为例，如表 6.6 所示。

表 6.6 mass 函数值和计算表

$\prod_{mn}$	$m_2^R(A_1)$	$m_2^R(A_2)$	$m_2^R(A_3)$	$m_2^R(A_4)$	$m_2^R(\Omega)$
$m_1^R(A_1)$	0	0	0	0	0.140
$m_1^R(A_2)$	0	0.120	0	0	0.153
$m_1^R(A_3)$	0	0	0	0	0
$m_1^R(A_4)$	0	0	0	0	0
$m_1^R(\Omega)$	0	0.064	0.072	0	0.081

其中：

$$\prod_{mn} = m_1^R(A_i) \cdot m_2^R(A_j) \qquad m, n = 1, 2, 3, 4, 5$$

于是有

$$M_1^R(A_1) = m_1 \oplus m_2(A_1) = 0 + 0.140 + 0 = 0.140$$

$$M_1^R(A_2) = m_1 \oplus m_2(A_2) = 0.120 + 0.153 + 0.064 = 0.337$$

$$M_1^R(A_3) = m_1 \oplus m_2(A_3) = 0 + 0 + 0.072 = 0.072$$

$$M_1^R(A_4) = m_1 \oplus m_2(A_4) = 0 + 0 + 0 = 0$$

$$M_1^R(\Omega) = m_1 \oplus m_2(\Omega) = 0 + 0 + 0.081 = 0.081$$

即

$$\boldsymbol{M}_1^R = \{M_1^R(A_1), M_1^R(A_2), M_1^R(A_3), M_1^R(A_4), M_1^R(\Omega)\} = \{0.140, 0.337, 0.072, 0, 0.081\}$$

将 $\boldsymbol{M}_1^R$ 归一化，得标准化值：

$$\overline{\boldsymbol{M}_1^R} = (0.222, 0.535, 0.114, 0, 0.129)$$

继续将 $\overline{\boldsymbol{M}_1^R} \oplus m_3^R$，得 $\overline{\boldsymbol{M}_2^R}$，直到 $\overline{\boldsymbol{M}_3^R} \oplus m_5^R$，即

$$\overline{\boldsymbol{M}_2^R} = (0.098, 0.631, 0.214, 0, 0.057)$$

$$\overline{\boldsymbol{M}_3^R} = (0.033, 0.398, 0.543, 0.007, 0.019)$$

于是得到综合可信度 mass 函数：

$$\boldsymbol{m}^{(F)} = \{m^{(F)}(A_1), m^{(F)}(A_2), m^{(F)}(A_3), m^{(F)}(A_4), m^{(F)}(\Omega)\} = \{0.012, 0.601, 0.381, 0.002, 0.004\}$$

即

$$\boldsymbol{m}^{(F)} = \{0.012(\text{优}), 0.601(\text{良}), 0.381(\text{中}), 0.002(\text{差}), 0.004(\text{很差})\}$$

最后，对照“优、良、中、差、很差”各等级脆性系数，评估结果综合可信度计算为

$$\begin{aligned} R(A) &= 0.012 \times 0.952 + 0.601 \times 0.804 + 0.381 \times 0.583 \\ &\quad + 0.002 \times 0.37 + 0.004 \times 0.196 \\ &= 0.718 \end{aligned}$$

根据表 6.3 中的专家评估结果，用模糊综合评价方法[57]计算评估结果可信度，即

$$\boldsymbol{W} = (1), \boldsymbol{R} = (0, 0.2, 0.2, 0.4, 0.2, 0, 0)$$

$$\boldsymbol{A} = \boldsymbol{W} \cdot \boldsymbol{R} = (0, 0.2, 0.2, 0.4, 0.2, 0, 0)$$

根据最大隶属度原则，专家对评估结果的可信度评定为一般。

根据各个专家的模糊评测结果，模糊综合评价法实现了各个专家的信息融合，依据隶属度原则，得到了评估结果的可信度评定，但没有实现定性描述，主观性比较强。而基于证据理论与专家评定相结合的算法，不仅将专家的模糊评价映射到信任等级上，实现了评估结果可信度的定量描述，而且对评估结果可信度的度量(0.718)也很好地反映了当时对武器质量评估的状况。

6.6　本章小结

本章主要对基于元评估思想的稳健评估以及评估结果可信度进行了探讨。从传统质量评估的不足及武器电子系统质量评估的实际需求出发，提出了武器电子系统稳健评估的模型，依据多个专家对评估结果的定性评判，采用 D-S 证据理论对专家评估结论进行了证据合成，从而得到了评估结论的综合可信度，为下章稳健评估系统的设计与实现提供了模型支撑和理论依据。

第7章 稳健质量评估系统的设计与实现

7.1 引　言

为了更好地开展武器电子系统及其整个电子装备装备的数据管理和质量评估工作，本章提出了稳健评估方法，开发完成了武器电子系统质量评估管理系统，实现了在软件工程层次上的稳健评估模型设计，主要包括以下内容：

(1) 明确了总体设计目标，给出了稳健评估环境的总体设计框架及其流程。

(2) 建立了武器电子系统测量信息及其指标权重的数据库体系。

(3) 基于稳健评估系统环境设计，通过友好的用户界面实现了数据查询、编辑、权重设计、质量评估、结果可信度校验等功能。

7.2 稳健评估系统的总体方案设计

7.2.1 系统设计目标

指标体系管理功能包括：

(1) 指标信息录入：在系统界面录入指标名称、指标类别等指标基本信息。

(2) 指标数据存储：将录入的指标信息存入指标数据库。

(3) 指标信息检索：检索界面检索指标数据库中的指标，并查看该指标检测信息。

(4) 指标信息修改：在系统界面中修改检索到的指标基本信息并保存。

(5) 指标体系优化：实现指标在常规指标和战备指标的区分优化并保存。

指标权重管理功能包括：

(1) 计算主观权重：在界面录入指标之间相对重要度，实现指标主观权重并存入数据库。

(2) 计算客观权重：依据测量数据实现指标客观权重，作为组合赋权的待用值并存入数据库。

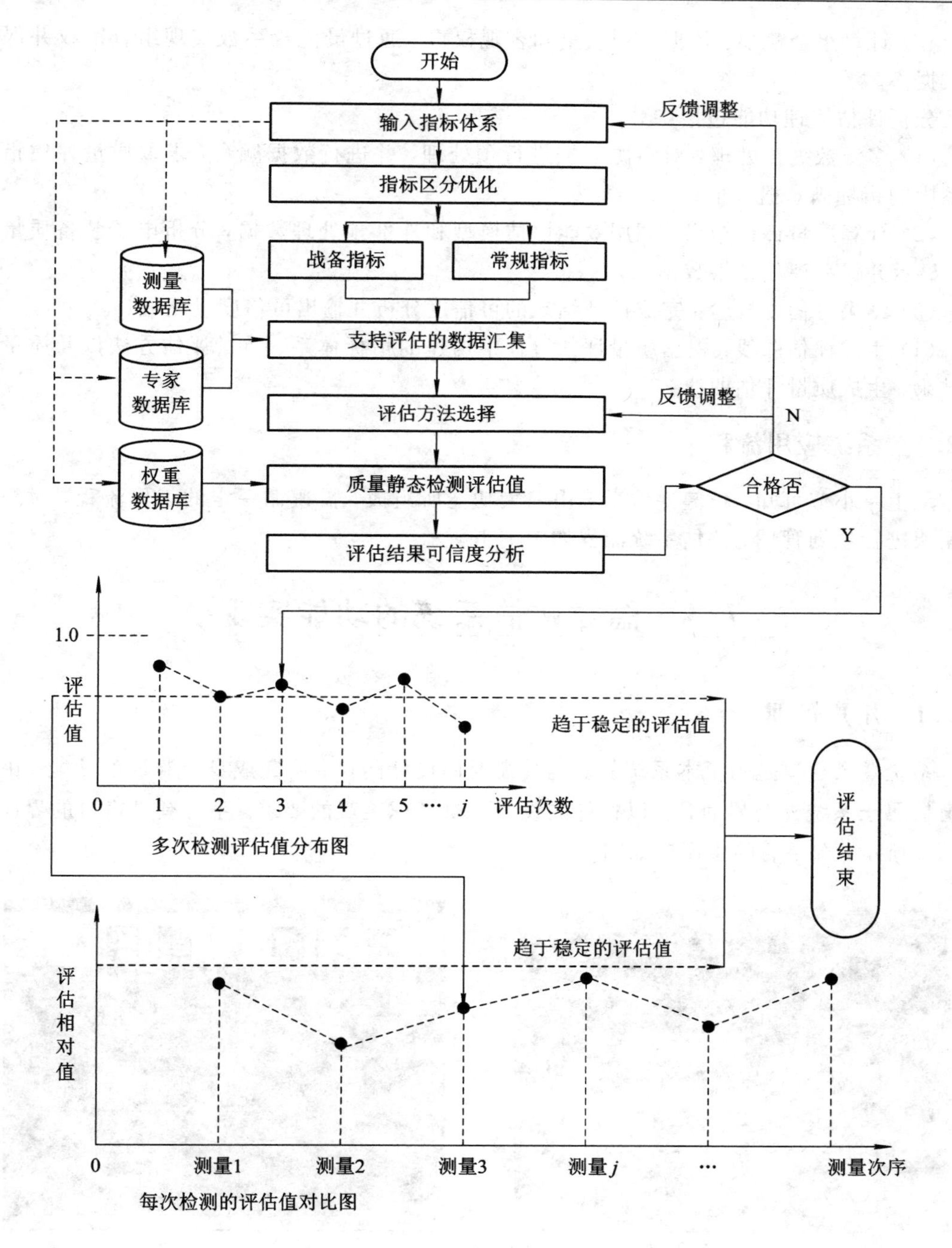
开始
输入指标体系
反馈调整
指标区分优化
战备指标
常规指标
测量
数据库
支持评估的数据汇集
专家
数据库
评估方法选择
反馈调整
N
权重
数据库
质量静态检测评估值
合格否
Y
评估结果可信度分析
1.0
评
估
值
趋于稳定的评估值
0
1
2
3
4
5 … j
评估次数
多次检测评估值分布图
评
估
结
束
趋于稳定的评估值
评
估
相
对
值
0
测量1
测量2
测量3
测量 j
…
测量次序
每次检测的评估值对比图

图 7.1　评估系统流程图

(3) 计算组合赋权：依据主观权重和客观权重，通过最优权系数实现组合赋权并保存至数据库。

分析评估管理功能包括：

(1) 多源数据预处理：对多源数据进行预处理，并进行数据融合，求取质量评估指标体系中的指标满意概率值。

(2) 计算质量评估结果：调用效能评估模型和外部预处理数据，分析电子装备质量状况，显示并保存评估结果数据。

(3) 结果可信度校验：完成评估结果的可信度分析并输出可信度量化值。

(4) 生成评估曲线：根据质量评估过程中构建的指标体系、质量评估方法以及质量评估结果，生成质量评估曲线。

7.2.2　系统应用流程

从上一小节可知，稳健评估系统由三大功能所组成，需遵循一定的工作流程，对众多的模块进行规划管理。评估系统流程如图 7.1 所示。

7.3　稳健评估系统的功能实现

7.3.1　用户管理

系统登录窗口是为了本系统的安全性需要而设计的，主要完成身份验证的功能。由于该窗口属于系统外观界面，所以控件的设置尽量考虑美观的要求。系统登录窗口的界面如图 7.2 所示，登录后的主窗口如图 7.3 所示。

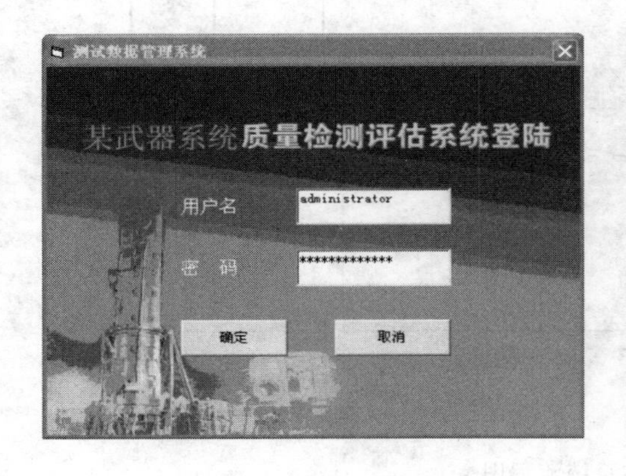

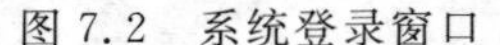
图 7.2　系统登录窗口

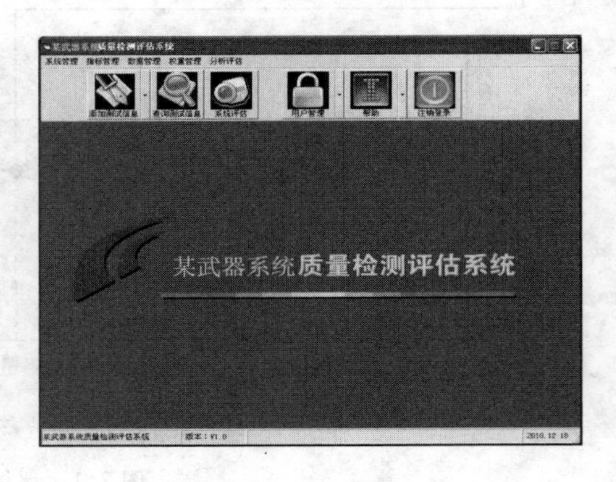

图 7.3　主窗口

由于电子装备资料属于高度机密，系统用户管理可根据用户的需求设置不同的访问及使用权限，只有系统管理员才有权增加或删除某个被授权者，而被授权者则没有此权限，从而确保资源共享，严防失密、泄密。“添加用户”窗口和“修改密码”窗口分别如图 7.4 和图 7.5 所示。

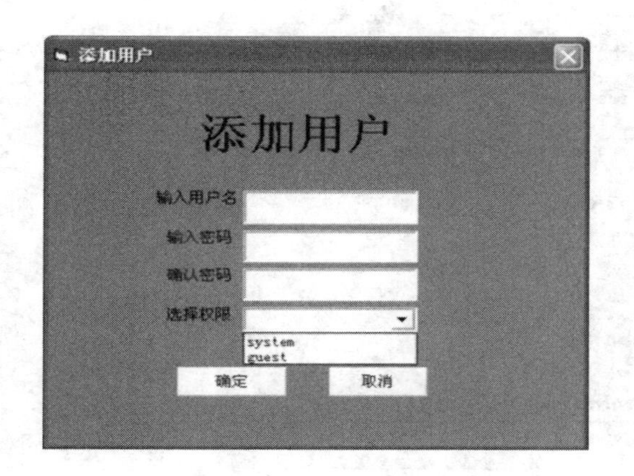

图 7.4　“添加用户”窗口

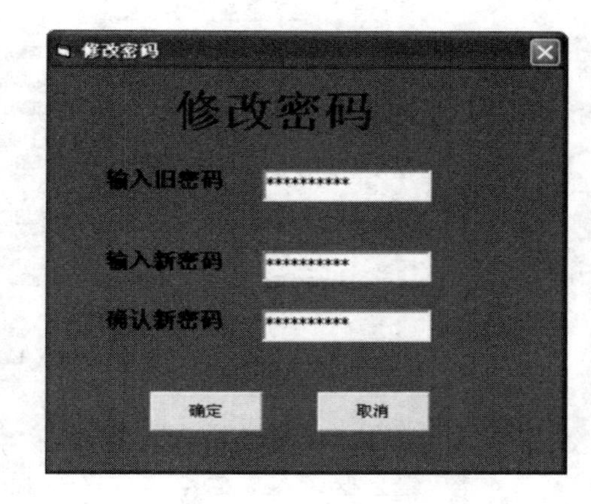

图 7.5　“修改密码”窗口

用户管理为武器电子系统安全设置了一道防火墙，便于进行失密、泄密管理。

7.3.2　指标数据管理

由于电子装备武器电子系统指标众多，加之测量数据不断更新，因此给数据管理带来了一定的难度。本系统将数据管理与评估分析作为两个单独系统，不仅便于数据检索、编辑、查询，而且提高了质量评估的效率。

7.3.3　评估算法实现

分析评估功能是本系统的一个重要功能模块，用户可在评估主界面中调用测量数据库和指标权重数据库信息，进入质量评估模型界面，完成武器电子系统评估，并将评估结果返回到体系评估界面。

对于测量数据，评估系统首先将检测数据与标称值进行对比，在合格范围内的检测项显示合格，如图 7.6 所示。若超出合格范围则显示超差的百分比，然后进行质量静态评估。静态评估窗口见图 7.7。

对于武器电子系统的动态评估，系统调用多次静态评估结果，实现武器电子系统纵向“决策”检测。评估主窗口如图 7.8 所示。数据评估分析窗口如图 7.9 所示。

图 7.6　检测数据分析窗口

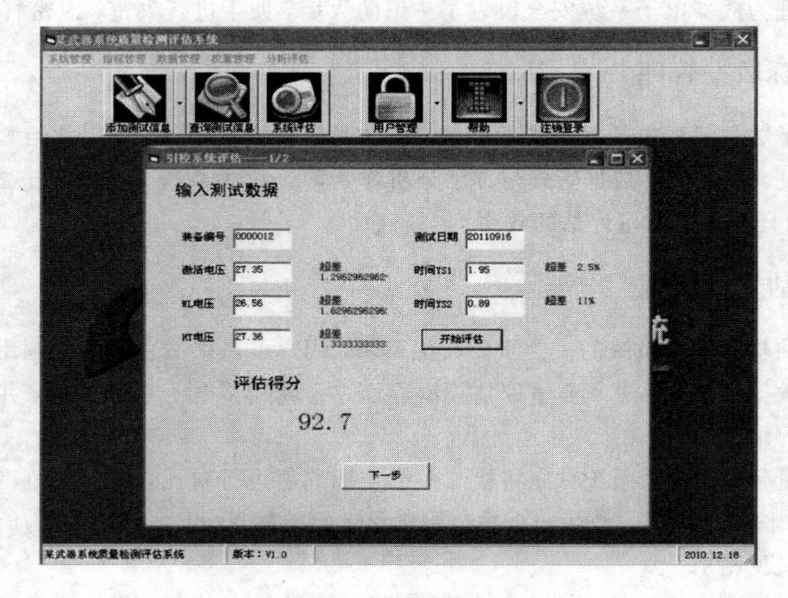

图 7.7　静态评估窗口

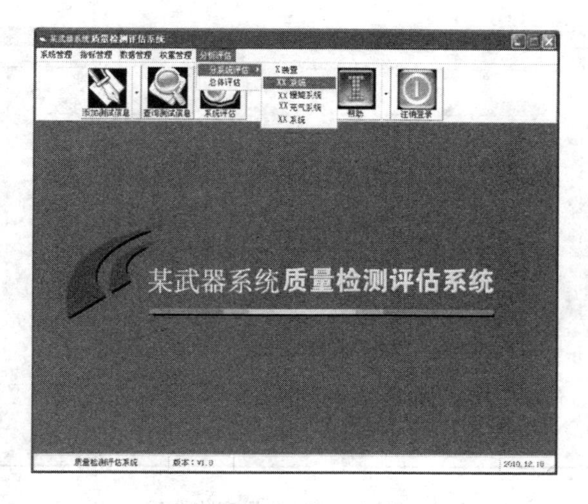

图 7.8　评估主窗口

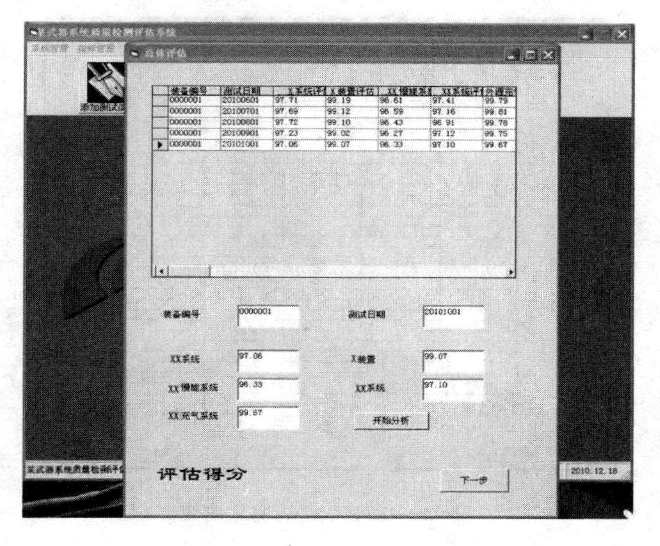

图 7.9　数据评估分析窗口

7.3.4　评估结果显示

为了更形象直观地表现武器电子系统各部件质量及其总体质量变化态势，本系统除了采用传统的定量数据显示外，还采用二维曲线图进行实时显现。统计曲线窗口将同类型检测信息和动态评估的数值绘制成二维曲线图，窗口中设有下拉菜单，可以选择对哪一项参数进行统计。曲线界面如图 7.10、图 7.11 所示。

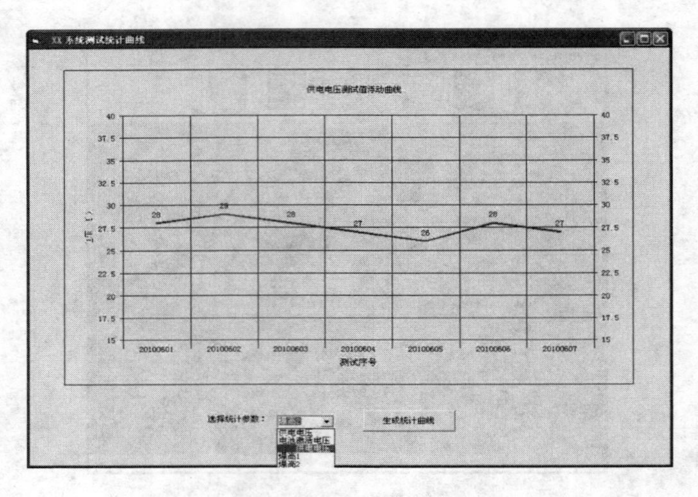

图 7.10 指标数据变化曲线

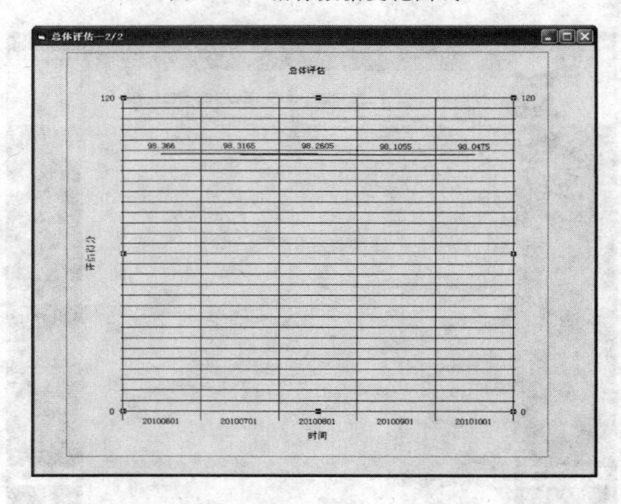

图 7.11 动态评估变化曲线

7.4 质量评估系统在某武器系统中的应用

7.4.1 某武器系统质量评估需求规格说明

1. 系统概述

1）硬件配置

本系统的硬件运行环境为高性能个人计算机，最低配置如下：

(1) CPU：Intel Pentium IV 1.6 G。

(2) 内存：1024 M。

(3) 硬盘：60 GB。

(4) 显示卡：256 MB PCIE 高性能显示卡。

2) 软件运行环境

(1) 操作系统：Windows XP Professional 中文版＋SP2。

(2) 关系数据库：ACCESS。

(3) 组件：Chart。

3) 软件开发环境

(1) 操作系统：Windows XP Professional 中文版＋SP2。

(2) 关系数据库：ACCESS。

(3) 编程语言：C＋＋。

(4) 编程环境：Microsoft Visual Studio 6.0。

4) 系统介绍

某武器系统质量监测与评估系统主要用于该系统测试数据的信息化管理和性能评估。用户在测试数据和专家知识的支持下，通过人机交互界面，实现对系统测试参数的分析和性能的评估；评估结束，输出性能评估报告，为用户对该系统的日常维护、测试和应用提供辅助决策支持。本系统可安装在普通台式机或笔记本电脑上，单机运行。

5) 功能

本系统具备以下处理能力：

(1) 测试数据录入功能：软件能够根据某武器系统测试报告格式完成测试数据的录入、Word 文档的自动生成。

(2) 系统测试数据管理：软件能够对某武器系统测试数据进行管理，主要包括各种查询功能、浏览功能、修改和删除功能等。

(3) 性能评估功能：软件依据测试数据和评估指标能够对系统性能进行静态评估和动态评估。

(4) 评估指标管理与优化功能：软件能够根据性能评估需求对评估指标进行优化设计。

(5) 专家系统管理功能：软件能够根据测试项目对专家知识进行管理，包括录入、查询等功能。

(6) 用户管理功能：软件能够对登录用户权限进行管理，以密码形式登录系统。

6) 系统处理过程

(1) 软件启动过程：软件正常安装后，由桌面快捷方式或“程序菜单”选择进入相应的子系统。

(2) 用户权限验证：系统软件启动后首先进行用户权限验证，当用户具备权限后方能进入系统。

(3) 人机交互：系统启动后进入人机交互界面，用户可利用控制面板、菜单栏或工具栏选择相应功能进行操作。

(4) 系统处理过程：用户选择相应的功能后，软件将进入相应的功能模块进行处理。

(5) 软件退出：用户使用完毕需要退出系统时，根据系统提示退出系统。

2. 引用文档

(1) GJB 438A—97《武器系统软件开发文档》。

(2) GJB/Z 102—97《软件可靠性和安全性设计准则》。

(3) EPB 16B—2003《科研项目技术文件编制规则》(2006 年)。

(4) GJB 2786—96《武器系统软件开发》。

(5) GJB 1267—91《军用软件维护》。

(6)《研制任务书》(XXXX 工程学院，2008)。

3. 工程需求

1) 软件外部接口需求

此软件无外部接口需求。

2) 功能需求

本系统主要包括测试数据管理与系统性能评估两大部分。整个系统由测试数据报表、测试数据管理、系统性能评估、评估指标管理和用户管理五个模块组成。系统功能结构图如图 7.12 所示。

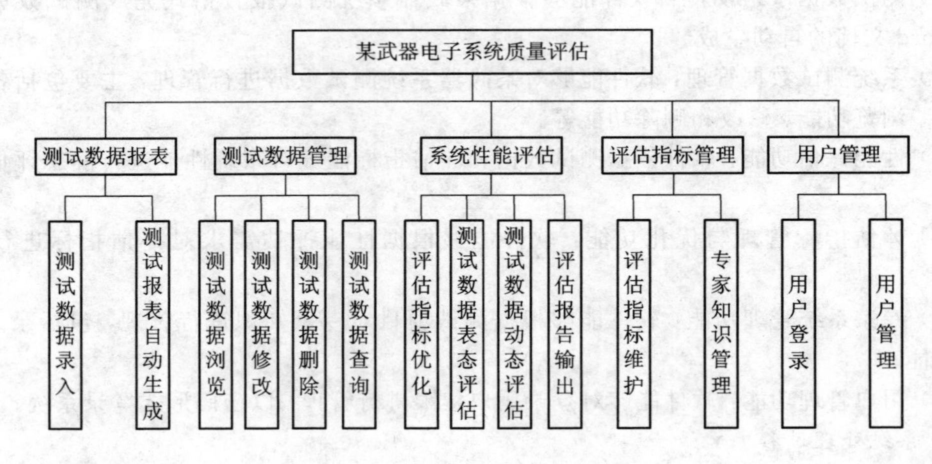

图 7.12　系统功能结构图

(1) 测试数据报表(SJBB)。测试数据报表是系统的数据来源，包括测试数据录入和测试报表自动生成两个主要模块。

(2) 测试数据录入。

① 进行测试对象和测试项目的选择。

② 提供各个测试项目的测试电子表单，能够接受用户录入。

③ 测试表单数据自动入库功能。

(3) 测试报表自动生成。该功能需要提供测试表单自动生成功能，能够按照固定的表单格式生成 Word 文档。

(4) 测试数据管理(SJGL)。测试数据管理是本系统的主要功能之一，主要包括测试数据浏览、修改、删除和查询等功能。

(5) 测试数据浏览。系统提供各个测试项目测试数据的浏览，主要功能包括：

① 所有测试数据的浏览功能：能够以表格形式显示所有测试数据，具备翻页浏览功能。

② 单个项目的详细信息浏览功能：对于选中的测试数据能够以表单的形式显示具体信息，提供导出 Word 文档的功能。

(6) 测试数据查询。系统提供基于数据库数据的查询功能，依据用户需求，主要功能包括：

① 通用查询功能：用户可以根据需求自由选择查询条件来实施查询。

② 按设备型号的查询功能：系统提供基于设备型号的测试数据查询功能。

③ 按设备编号的查询功能：系统提供基于设备编号和导弹型号的查询功能，以满足不同设备测试数据的查询功能。

④ 查询结果以表格形式显示。

(7) 某武器系统性能评估(XNPG)。

① 评估指标优化。依据评估算法能够对评估指标进行优化设计，以满足性能评估需求。

② 测试数据静态评估。系统提供对测试数据的静态评估。

③ 测试数据动态评估。在对测试数据进行静态评估的基础上，能够对同类测试对象的多次测试数据结果进行分析和排序。

④ 评估结果输出。提供表格形式的评估结果输出功能，并能够对评估结果进行存储。

(8) 用户管理 YHGL。用户管理包括用户登录、用户管理两部分。用户输入账号和口令后，可使用本系统。

3) 内部接口

系统内部接口主要是指系统各模块之间的内部接口。各子系统内部接口主要是在程序设计时需要明确的各模块之间的接口方式。

(1) 基于消息的内部接口：子系统内部模块采用消息方式进行信息传递时，需要按照消息基本格式进行参数设置，采用 SendMessage 函数实现。消息接收后需进行消息解析。

(2) 基于组件的内部接口：由于每个子系统分别封装为不同的 DLL 或 OCX 组件，因此在运行每个子系统的功能时均需要采用函数调用方式，如人机界面各功能区域与主窗口之间的通信。

4) 数据元素要求

系统交付使用时，应包括系统测试的专家知识库，为性能评估提供数据支持，专家知识的主要来源包括设备厂家提供的《设备出厂手册》和高级技术人员的经验。专家知识的后期扩充与完善需经过专家认可，经系统维护人员进行数据标准化后录入到系统中。

5) 适应性要求

所需安装的数据包括：

① 系统测试数据的数据库；

② 专家知识数据；

③ 性能评估算法。

6) 容量和时间要求

一般情况下 128 MB 以上内存容量、Pentium Ⅳ的计算机均可满足系统运行需要。

平均性能评估时间小于 2 min，但此时间受操作人员的熟练程度影响较大，熟练程度越高，性能分析与评估的时间越短。

7) 安全要求

本系统安装在便携式移动计算机上，应保证人员对计算机操作的安全性，同时在系统使用过程中应严格按“用户等级”操作本系统，防止知识库数据因出现不正确修改、添加和删除等现象造成的数据不完整和不正确，从而导致评估结果不正确的现象。

8) 保密要求

本系统测试数据及性能评估算法涉及涉密内容，设计时需要考虑保密性。在使用过程中应严格按保密规定进行管理，严防光盘丢失、外借和口令泄露等情况的出现。

(1) 数据库保密要求：系统数据库采用密码登录方式，以避免对数据库内容进行任意浏览和更改。

(2) 系统应用保密要求：系统访问时采用分级访问方式，用户权限分为普通用户、高级用户和系统管理员三类，不同用户对系统和数据库的访问权限有所不同，系统管理员具备所有模块的访问权限，并对其他用户权限进行管理。

9) 软件质量因素

系统主要通过重复性功能验证和软件测试来保证软件的合格性。重复性功能验证主要通过操作人员对系统功能的反复操作来验证系统软件的可靠性和系统人机界面的友好性等。软件测试通过提供资格部门认证的《软件测试报告》来保证软件设计的可靠性。

10）人的特点/人的工程需求

一般情况下对测试数据的管理和设备性能的评估时间与操作人员使用本系统的熟练程度和评估经验的多少有关，熟练程序越高、参数判读经验越丰富，性能评估时间越短。同时用户在对知识库进行自我维护时，由于知识表达的不规范，易造成知识库的不完整，从而导致性能评估的失败。

本软件要求使用者熟悉某武器系统测试相关知识，了解该系统测试数据分析的基本方法，熟练使用计算机。

4. 合格性需求

合格性级别划分如下：

(1) 配置项级：在 CSCI 级别上进行的合格性审查。

(2) 系统集成级：在系统集成时进行的合格性审查。

(3) 系统级：在系统级别上进行的合格性审查。

(4) 系统安装级：在系统安装时进行的合格性审查。

表 7.1 为合格性方法和级别说明。

表 7.1　合格性方法和级别

CSC 标识号	CSC 名称	合格性方法 *	合格性级别 * *
SJBB	测试数据报表	A	1、3
SJGL	测试数据管理	AB	2、3
PGYH	评估指标优化	A	1、3
JTPG	静态评估	A	1、3
DTPG	动态评估	AB	1、3
YHGL	用户管理	AC	1、3
* 合格性方法：A—演示，B—分析，C—检查			
* * 合格性级别：1—配置项，2—系统集成，3—系统，4—系统安装			

5. 交付准备

本系统交付内容包括：某武器系统质量监测与评估 2.0 版 1 套、《软件需求规格说明》、《软件设计说明》、《软件测试计划》、《软件测试说明》、《软件测试报告》、《软件用户手册》。

7.4.2　某武器系统质量评估软件设计文档

1. 系统概述

1）环境要求

本文档适用于某武器系统质量监测与评估系统软件，计算机软件配置项(CSCI)如下：

(1) 硬件配置。系统软件的硬件运行环境为高性能个人计算机，最低配置如下：

① CPU：Intel Pentium Ⅳ 1.6 G。

② 内存：1024 M。

③ 硬盘：60 GB。

④ 显示卡：256 MB PCIE 高性能显示卡。

(2) 软件运行环境。

① 操作系统：Windows XP Professional 中文版＋SP2。

② 关系数据库：ACCESS。

③ 组件：Chart。

(3) 软件开发环境。

① 操作系统：Windows XP Professional 中文版＋SP2。

② 关系数据库：ACCESS。

③ 编程语言：C＋＋。

④ 编程环境：Microsoft Visual Studio 6.0。

⑤ 组件：Chart。

2) 系统概要

系统质量评估系统主要用于系统测试数据的信息化管理和性能评估，用户在测试数据和专家知识的支持下，通过人机交互界面，实现了对系统测试参数的分析和性能的评估，评估结束后输出性能评估报告，为用户对系统的日常维护、测试和应用提供了辅助决策支持。本系统可安装在普通台式机或笔记本电脑上，单机运行。

3) 文档概要

本设计文档为软件系统的研制人员提供关于软件配置项(CSCI)的结构、软件部件(CSC)的划分、软件单元(CSU)的设计，以及软件配置项中的数据文件和数据结构等方面的设计说明，为系统的实现提供依据。

2. 引用文档

(1)《某武器系统质量监测与评估系统研制任务书》(XXXX 工程学院，2008)。

(2)《某武器系统质量监测与评估系统方案设计》(XXXX 工程学院，2008)。

(3)《某武器系统质量监测与评估系统软件需求规格说明》(XXXX 工程学院，2008)。

3. 概要设计

1) CSCI 概述

本系统可以完成某武器系统测试数据的管理，系统覆盖的测试项目清单如表 7.2 所示。

表 7.2　系统覆盖的测试项目清单

序号	测试项目名称	说明
1	子系统 1 检测	包含 6 个测试子项
2	子系统 2 装置检测	
3	子系统 3 装置检测	包含 2 个测试子项
4	子系统 4 检测	包含 3 个测试子项
5	子系统 5 检测	包含 4 个测试子项
6	子系统 6 检测	包含 2 个测试子项
7	子系统 7 检测	包含 5 个测试子项
8	子系统 8 检测	包含 4 个测试子项
9	子系统 9 检测	
10	子系统 10 部件联试	包含 5 个测试子项
11	子系统 11 整体测试	包含 2 个测试子项
12	子系统 12 检测	包含 2 个测试子项
13	子系统 13 装配检测	包含 2 个测试子项
14	子系统 14 装配检测	包含 3 个测试子项
15	子系统 15 组合件检测	包含 3 个测试子项
16	子系统 16 组件检查	包含 2 个测试子项
17	子系统 17 检测	包含 2 个测试子项
18	系统电起爆器检测	包含 2 个测试子项
19	系统控制组合单元测试	
20	系统动力装置单元测试	
21	系统压电晶体检测	
22	系统等效检查	包含 2 个测试子项
23	系统散装测试	
24	系统总装测试	

(1) CSCI 结构。本系统结构组成按功能分为测试数据报表、测试数据管理、系统性能评估、评估指标管理和用户管理五个部分。

① 测试数据报表：完成测试项目数据录入和入库，并可以自动生成 Word 报表。

② 数据库管理：用于管理系统的各项测试数据，包括录入、浏览、编辑和删除、查询等功能。

③ 系统性能评估：运用评估算法，完成系统某个设备的性能评估过程，评估介绍后输出评估报告。

④ 评估指标管理：管理性能评估过程中所需的评估准则、专家知识、评估模型等。

⑤ 用户管理：用于用户身份的切换和口令的修改。

此外，联机帮助可提供本系统的使用方法、注意事项、出错时的解决方案等支持数据。

(2) 系统状态与模式。本系统以共享方式占有 CPU，运行本系统时允许运行其他应用程序。

(3) 内存占有和进程时间分配。系统内存占有和进程时间的分配情况如表 7.3 所示。

表 7.3 CSC 内存、进程时间分配

CSC 名称	内存预算（所需内存数量字）	分配的进程时间
指标优化评估	1200	120.0 ms
静态评估	900	60.0 ms
动态评估	500	30.0 ms
用户登录	200	30.0 ms
用户管理	200	30.0 ms
数据管理	700	40.0 ms
数据库	2000	N/A
其他	500	120.0 ms
总计	5780	480 ms
可使用量	5384	600 ms
余留量/%	23	23

数据库部分由于专家知识需要不断扩充，因此数据库所占内存及进程分配空间会随着系统的扩充有所变化。

2）设计说明

（1）数据库设计说明。由于本系统的质量评估对象是某设备的子系统和全系统，因此在数据库设计时采用“项目名称＋表名”的方法建立数据表，具体设计方法将在详细设计中说明。系统数据表类型的组成如表7.4所示。

表7.4 系统数据表类型的组成

数据表类型	数据表名称	数据表用途
评估指标表	项目名_CASE	存储评估指标的一般准则
专家知识表	项目名_RULE	存储评估中用到的专家知识
测试数据表	项目名_DATA	存储各测试项目的测试数据
用户表	SYSUSER	存储用户身份和口令

（2）用户界面设计。用户界面分为用户登录、系统主界面、测试数据浏览、测试数据查询、评估指标管理、指标优化评估、静态评估、动态评估、评估报告、用户管理、用户设置等界面，其中数据库管理与性能评估采用不同的界面，同一界面上可采用分页管理模式实现浏览、维护和查询等功能。

4. 详细设计

1）数据表设计

依据系统概要设计阶段提出的功能需求，完成数据表的设计。系统数据表由一个测试项目、一个测试数据表和评估指标标准数据表组成。系统共用一个专家知识表和用户表。

2）基于熵权的指标优化设计

指标体系是进行质量评估工作的基础和依据，指标体系在一定程度上决定了评价客体的信息采集乃至数据处理方式。因此，合理、正确地选择有代表性、可比性、独立性、信息量大的指标是构建高效、系统的评估指标体系的关键。指标优化的一般流程如图7.13所示。

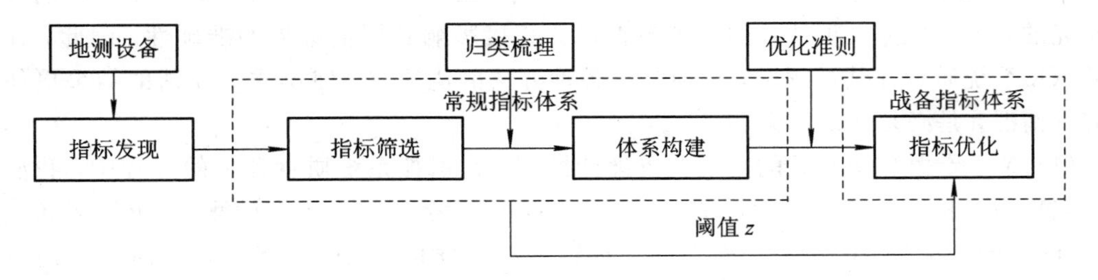

图7.13 指标优化的一般流程

本系统中在综合分析现有指标优化算法的基础上，提出了基于熵权的“区分度”指标优化方法，熵权值的大小与指标所提供有用信息的大小成正比。

设在 XX 系统某层次评估指标体系的构建过程中，有 m 个初建评估指标，对此进行了 n 次测量(历史和当前)，在“区分度”测度下，需要对指标进行筛选优化，将指标数量减少到 z 个($z<m$)。具体步骤如下：

(1) 建立评价矩阵：

$$\boldsymbol{R}=\begin{bmatrix} r_{11} & r_{12} & \cdots & r_{1m} \\ r_{21} & r_{22} & \cdots & r_{2m} \\ \vdots & \vdots & & \vdots \\ r_{n1} & r_{n2} & \cdots & r_{nm} \end{bmatrix}$$

(2) 对矩阵元素进行无量纲化处理：

$$\dot{\boldsymbol{R}}=(\dot{r}_{i,j})_{n\times m}$$

(3) 计算每个指标的熵值：

$$H_i=-k\sum_{j=1}^{n} f_{ij}\ln f_{ij} \qquad i=1,2,\cdots,m, \quad f_{ij}=\frac{\dot{r}_{i,j}}{\sum_{i=1}^{n}\dot{r}_{i,j}},\ k=\frac{1}{\ln n}$$

(4) 计算每个指标的熵权值：

$$w_i=\frac{1-H_i}{\sum_{i=1}^{m}(1-H_i)} \qquad 0\leqslant w_i\leqslant 1,\ \sum_{i=1}^{m} w_i=1$$

(5) 计算每个指标的“区分度”值：

$$\rho_i=\frac{w_i}{H_i}=\frac{1-H_i}{\left(m-\sum_{i=1}^{m}H_i\right)H_i}$$

(6) 依据“区分度”值进行排序，选取排在前面的 z 个指标，组成战备指标库。

3) 评估指标权重分化设计

指标权重不仅是指标体系构建过程中的难点，也一直是众多决策领域专家学者们关注和研究的热点，指标权重计算的合理与否将会直接影响到评估结果的准确性。因此，在实际的 XX 系统质量评估过程中，如何兼顾各种方法的优缺点，使得质量评估的结果更加符合客观情况，是必须考虑的问题。

(1) 基于专家分辨系数的主观权重设计模型。在引控系统质量评估的过程中，我们不仅要实现单次检测的横向质量评估(静态评估)，而且还要实现多次检测(历史检测和当前检测)的纵向评估(动态评估)，而在静态评估和动态评估过程中，指标权重所处的地位是不同的。静态评估中的权重是指标重要程度的表征量，只有确立各个指标的权重系数，才能得到“实实在在”的评估结果；而动态评估则是依据各个指标提供的信息量，综合多次测量，进行质量优劣的“多属性决策”，因此，权重应该既能反映指标的重要程度，又能体现指标提供的信息量大小。权重指标在 XX 系统静态评估中的功能如图 7.14 所示。

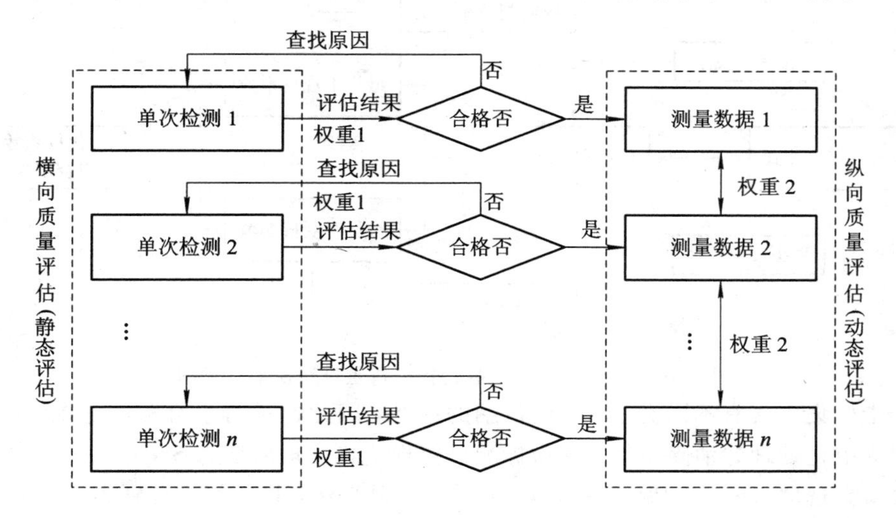

图 7.14　指标权重在 XX 系统质量评估中的功能示意图

综合以上分析，结合指标权重在 XX 系统静态评估中的作用，提出了一种以模糊判断矩阵扩展理论为基础，基于专家分辨系数的赋权法。该算法不仅物理意义明确，而且实现了对指标权重系数的计算。该算法模型如图 7.15 所示。

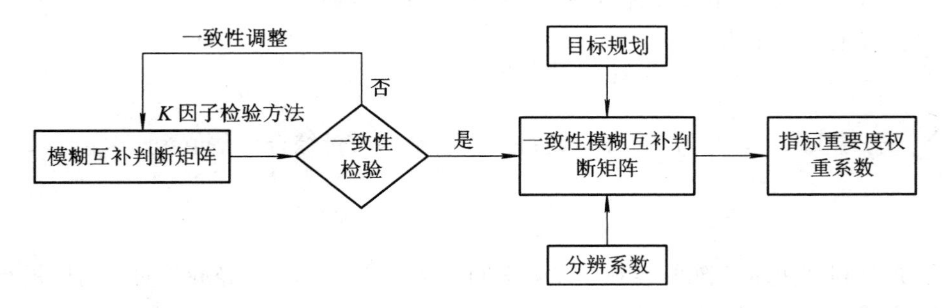

图 7.15　基于专家分辨系数的指标权重算法模型示意图

(2) 基于最优权系数的组合权重设计模型。结合指标权重在系统动态评估中的作用，构建了一种既能兼顾主客观赋权法优点、克服其缺点，又能摆脱现有组合赋权的机械作业方式的一种全新组合赋权方法。该算法不仅物理意义明确，而且理论依据充实。该算法模型如图 7.16 所示。

设 $\boldsymbol{t}=\{t_1, t_2, \cdots, t_n\}$ 为 XX 系统质量评估中的次数集(历史测量和当前测量)，$\boldsymbol{F}=\{f_1, f_2, \cdots, f_m\}$ 为测量指标集，权重向量为 $\boldsymbol{W}=\{w_1, w_2, \cdots, w_m\}^{\mathrm{T}}$，次数 t_i 关于指标 f_i 的测量值为 x_{ij}，其中 $i\in N$，$j\in M$，$N=\{1, 2, \cdots, n\}$，$M=\{1, 2, \cdots, m\}$。

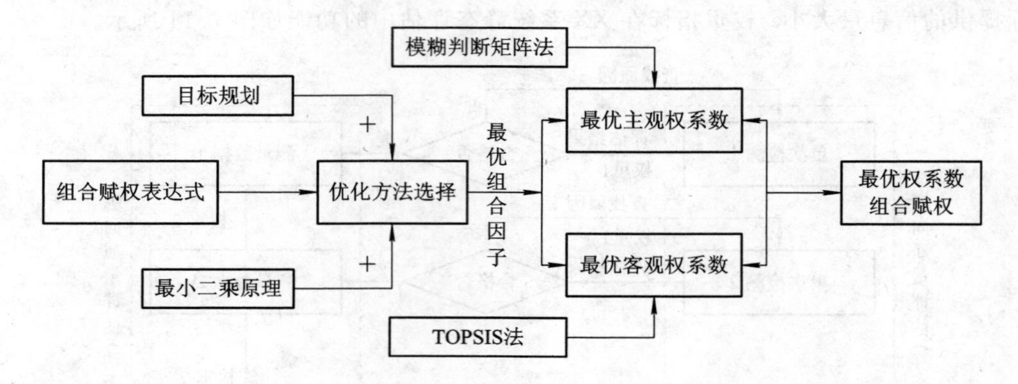

图 7.16　基于最优权系数的指标权重算法模型示意图

由于指标集中含有不同类型、不同量纲的指标，因此在进行组合赋权之前，必须对指标集进行规范化处理并消除量纲，则指标测量值规范化处理后变为 $\boldsymbol{S}=(s_{ij})n\times m$。

设决策者选取 p 种主观赋权法和 $q-p$ 种客观赋权法，指标权重分别为

$$\boldsymbol{u}_k=(u_{k1},u_{k2},\cdots,u_{km})\qquad k=1,2,\cdots,p$$

$$v_k=(v_{k1},v_{k2},\cdots,v_{km})\qquad k=p+1,p+2,\cdots,q$$

式中，$\sum_{j=1}^{m}u_{kj}=1(u_{kj}\geqslant 0,j\in M)$ 表示用第 k 种主观法对指标 f_i 确定的权重；$\sum_{j=1}^{m}v_{kj}=1(v_{ij}\geqslant 0,j\in M)$ 表示用第 k 种客观法对指标 f_i 确定的权重。

设组合权重可表示为

$$\boldsymbol{W}=(w_1,w_2,\cdots,w_m)^{\mathrm{T}}$$

式中，$\sum_{j=1}^{m}w_{ij}=1(w_{ij}\geqslant 0,j\in M)$，则每一次测量的质量综合评估值为

$$y_i=\sum_{j=1}^{m}w_j s_{ij}\qquad i\in N$$

为了充分利用决策矩阵的客观信息，又同时考虑专家自身的经验信息，利用最小二乘原理求组合赋权与主观赋权和客观赋权的偏差：

$$d_i^k=\sum_{j=1}^{m}[(w_j-w_{kj})s_{ij}]^2\qquad i\in N,k=1,2,\cdots,p$$

$$h_i^k=\sum_{j=1}^{m}[(w_j-v_{kj})s_{ij}]^2\qquad i\in N,k=p+1,\cdots,q$$

d_i^k 和 h_i^k 分别表示第 $k(k=1,2,\cdots,p)$ 种主观赋权法和 $k(k=p+1,\cdots,q)$ 种客观赋权法的评估结果与组合权重所作评估结果的离差。

本系统中最佳权重应满足的条件为：距离各个主客观权重向量的加权偏差平方和最小。为此构造下列目标规划函数：

$$(P1)\begin{cases} \min \mu \sum_{k=1}^{p} \beta_k \left(\sum_{i=1}^{n} d_i^k \right) + (1-\mu) \sum_{k=p+1}^{q} \beta_k \left(\sum_{i=1}^{n} h_i^k \right) \\ \text{s. t. } \sum_{i=1}^{m} w_i = 1 \qquad w_i \geqslant 0,\ i \in M \end{cases}$$

式中，$\mu \in [0, 1]$为离差函数的偏好因子，如果$0 \leqslant \mu < 0.5$，则说明专家希望客观权重与组合权重越接近越好；如果$0.5 \leqslant \mu \leqslant 1$，则说明专家希望主观权重与组合权重越接近越好。$\beta_k$($k=1, 2, \cdots, p$)和$\beta_k$($k=p+1, p+2, \cdots, q$)分别为$p$种主观赋权法和$q-p$种客观赋权法的权系数，且$\sum_{k=1}^{p} \beta_k = 1$，$\sum_{k=p+1}^{q} \beta_k = 1$。

4）人机交互界面设计

人机交互模块的计算机软件单元(CSU)划分及标识如表 7.5 所示。

表 7.5　人机交互模块 CSU 划分及标识

编号	计算机软件单元(CSU)划分	计算机软件单元(CSU)标识
1	系统主界面	ZLPG_RJJH_ZJM
2	数据库管理界面	ZLPG _RJJH _SJK
3	性能评估界面	ZLPG _RJJH _XNPG
4	用户管理界面	ZLPG _RJJH_YHGL
5	评估报告界面	ZLPG _RJJH_PGBG

(1) 系统主界面 ZLPG_RJJH_ZJM。

① 功能需求。

• 系统主界面框架采用类 VisualStudio 形式，由菜单栏、工具栏、控制面板、输出窗口、主控窗口组成。

• 控制面板用于显示数据库管理子系统和性能评估子系统的快捷启动方式。

• 系统主控窗口用于显示控制面板选择功能的相应信息。

② 约束：无约束。

(2) 数据库管理界面 ZLPG_RJJH _SJK。

① 功能需求。

• 基于测试项目数据格式，在主控窗口以表格形式显示。

• 数据查询窗口采用对话框形式，根据用户需求提供了通用查询、基于测试时间的查询、基于编号的查询和基于型号的查询等方式。

• 在主控窗口的数据显示中，通过鼠标右键菜单实现了对选定记录的快速编辑，包括增加、修改、删除、浏览等功能。

• 各测试项目的查询结果窗口采用了与纸质报表一致的显示方式。

② 约束：对输入数据格式进行约束。

(3) 性能评估界面 ZLPG_RJJH _XNPG。

① 功能需求。

• 提供了性能评估算法的菜单栏、工具栏等功能选择方式。

• 性能评估时以图表形式表示性能趋势。

• 性能评估结果能够生成报表。

② 约束：进行性能评估时需要设置待评估对象。

(4) 用户管理界面 ZLPG_RJJH_YHGL。

① 功能需求。

• 具备用户的增加、密码修改、删除等功能。

• 具备用户权限设置功能。

• 用户权限应与系统主界面相关联。

② 约束：无约束。

(5) 评估报表界面 ZLPG_RJJH_PGPG。

① 功能需求。

• 能够以表格形式显示评估结果。

• 评估结果可以导出、打印。

② 约束：按照固定的格式显示评估结果。

5. CSCI 数据

1) 内部数据要求

系统设计时应严格遵循数据库表单定义，引用各功能模块数据。数据约束关系应在程序中体现，如故障规则表中，数据库要求不允许空的字段，在程序中应编写相应代码进行限制，防止系统出现意外出错提示。

为防止系统各功能模块间调用异常，系统中未设计外部变量。

2) 外部数据要求

系统中测试报告、Excel 数据的导入/导出和设备资料管理均应用了外部 Office 程序，完成 Excel、Word 和 Txt 文件的读/写过程，因此在操作本系统时，应注意提示用户 Office 程序的正常状态，防止系统出现意外错误。

6. 数据文件

系统在测试数据录入和专家知识导入功能中可实现 Excel 数据文件的导入/导出操作，导入时要求数据文件内容应遵循数据库表约束关系，且在文件末连续加 3 个“－1”表示导入结束。导出时无特殊要求。专家知识可以外部 Excel 文件的形式保存，以方便数据的批量导入。

7. 需求可追踪性

软件设计到软件需求的可追踪性如表7.6所示。

表7.6　软件设计到软件需求的可追踪性一览表

序号	名称	名称
1	测试数据报表	数据表设计
2	测试数据管理	人机交互界面设计
3	评估指标优化	评估指标权重设计
4	静态评估	评估指标权重设计
5	动态评估	评估指标权重设计
6	用户管理	人机交互界面设计

7.4.3　某武器系统质量评估软件使用说明

1. 系统概述

1）软件简介

本软件主要用于系统测试数据的信息化管理和性能评估，用户在测试数据和专家知识的支持下，通过人机交互界面，实现对设备测试参数的分析和性能的评估，评估结束后输出性能评估报告，为用户对系统的日常维护、测试和应用提供辅助决策支持。本软件可安装在普通台式机或笔记本电脑上，单机运行。

2）软件文档概述

（1）软件文档的用途。软件文档主要向用户明确软件的运行环境、软件的功能、操作使用方法和相关的注意事项。

（2）软件文档的内容。软件文档主要包括软件的标识、系统需求、各模块功能、执行流程、操作规程和错误提示信息的解释等。

（3）适用范围。本文档仅适用于《某武器系统质量监测与评估系统》。

2. 引用文档

（1）GJB 2786—1996《武器系统软件开发》。

（2）GJB 438A—1997《武器系统软件开发文档》。

（3）GJB/Z 102—1997《软件可靠性和安全性设计准则》。

（4）EPB 16B—2003《科研项目技术文件编制规则》(2006年)。

3. 执行过程

1）初始化

（1）硬件配置。本软件的硬件运行环境为高性能个人计算机，最低配置如下：

① CPU：Intel Pentium Ⅳ 1.6G。

② 内存：1024 M。

③ 硬盘：60 GB。

④ 显示卡：256 MB PCIE 高性能显示卡。

(2) 软件运行环境。

① 操作系统：Windows XP Professional 中文版+SP2。

② 关系数据库：ACCESS。

③ 组件：Chart。

2) 系统启动

(1) 启动方式。某武器系统质量检测与评估系统的软件安装完毕且无错误时，在操作系统"所有程序"菜单下选择"某武器系统质量检测与评估系统 V2.0"菜单项，在该菜单项下选择需要进入的子系统(见图 7.17)。

图 7.17 系统启动方式示意图

(2) 用户登录。用户进入系统时，为保护系统安全和数据完整，系统设置有用户权限，系统启动后将要求用户输入用户名和密码(见图 7.18)，用户名与密码正确输入后才能够进入系统。

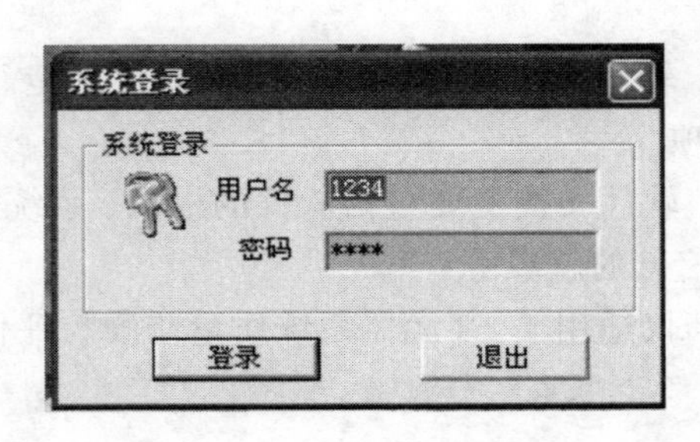

图 7.18 登录窗口

3) 操作说明

(1) 用户管理。由于该系统中的资料属于高度机密，为保证系统数据安全，对系统访问权限进行设置，采用分级访问方式控制。在以系统管理员权限登录时，可以显示所有用户的权限，并能够进行用户的权限设置、增加用户、删除用户等操作，从而确保资源共享，严防失密、泄密。

(2) 测试数据管理。由于系统指标众多，加之测量数据不断更新，因此给数据管理带来了一定的难度。本系统将数据管理与评估分析作为两个单独系统，不仅便于数据检索、编辑、查询，而且提高了质量评估的效率。

① 数据录入。为方便用户进行测试数据录入，系统提供与纸质测试记录格式一致的数据录入模块，录入后的数据将直接存储到测试数据库中。

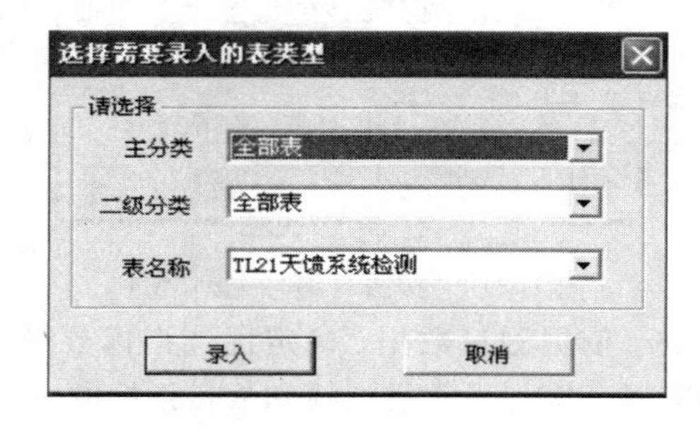

图 7.19　录入表的类型选择

② 测试数据浏览。系统采用表格方式对测试数据进行浏览。用户可以针对测试项目进行测试数据的选择，也可以直接在数据表中选择浏览表格。

(3) 测试数据查询。系统对测试数据提供有三类查询方式，分别是通用查询、按型号查询和按编号查询。

① 通用查询。选择“通用查询”时，用户可以选定“查询对象”和“查询字段”，根据字段类型填写相应的查询内容完成查询。查询条件设置窗口如图 7.21 所示。

② 按型号查询。当测试数据包括多个型号的子系统测试数据时，“按型号查询”是常用查询方式之一。用户可以根据图 7.20 所示的查询窗口提示信息输入查询条件。

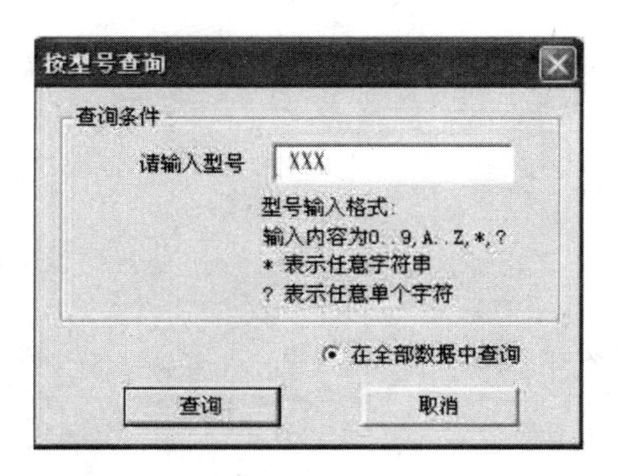

图 7.20　“按型号查询”窗口

③ 按编号查询。当测试数据包括××测试数据时，“按××编号查询”是最常用的查询方式之一。用户可以根据图 7.21 所示的查询窗口提示信息输入查询条件。

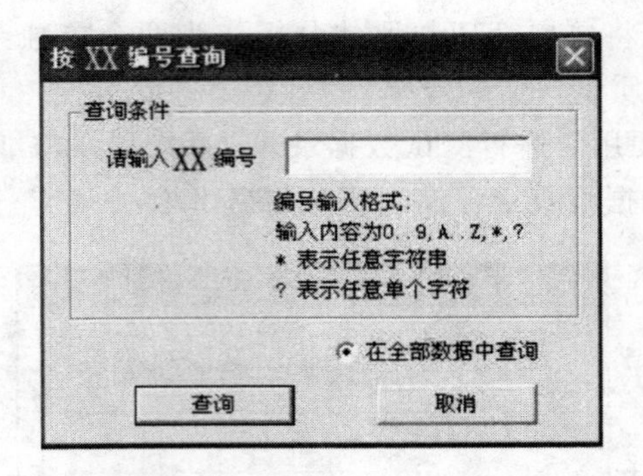

图 7.21 “按××编号查询”窗口

(4) 指标评估体系优化。依据测量数据，确定优选指标数量，并以曲线图的形式量化区分度，最终以文本形式表达，实现了常规指标和战备指标的区分。

(5) 系统性能评估。分析评估功能是本系统的一个重要功能模块，用户可在评估主界面中调用测量指标数据库和指标权重数据库信息，进入质量评估模型界面，完成引控系统评估，并将评估结果返回到体系评估界面。系统性能评估主界面如图 7.22 所示。

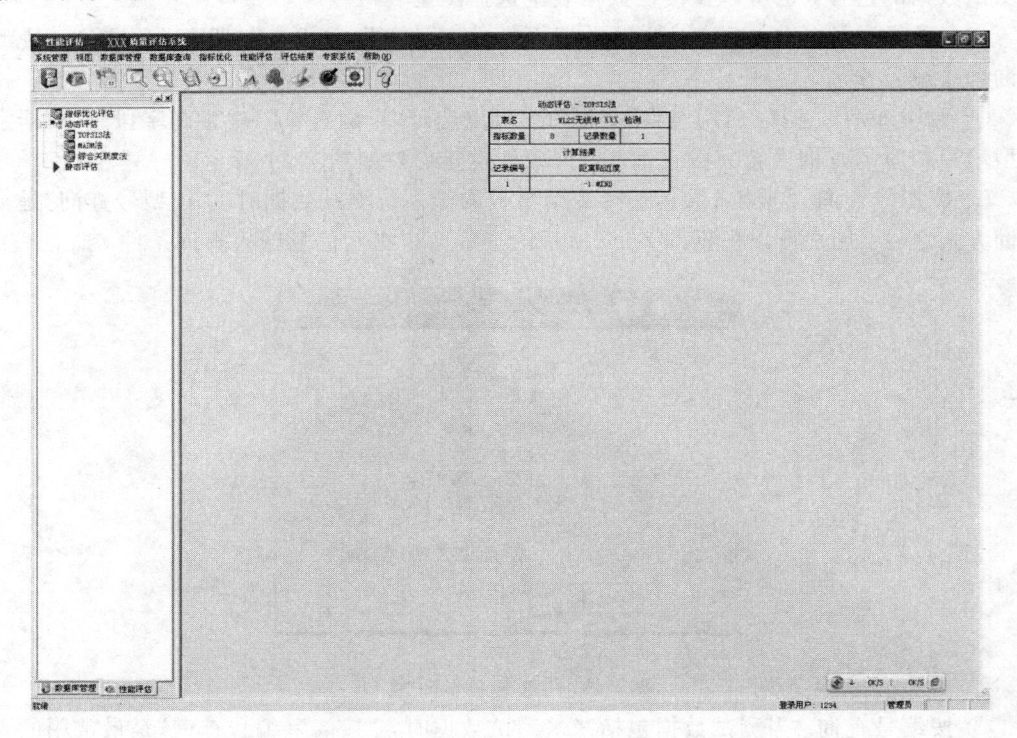

图 7.22 系统性能评估主界面

① 静态评估。对于测量数据，评估系统首先将检测数据与标称值进行对比，在合格范围内的检测项显示合格，然后进行静态质量评估，若超出合格范围则显示超差的百分比。

② 动态评估。对于子系统的动态评估，系统调用多次静态评估结果，采用不同的评估方法，使纵向“决策”更有说服力。

(6) 专家系统。在依据测试数据对子系统性能进行评估时，专家的经验与知识非常重要，因此需要对各个专家的知识进行存储和管理。

① 数据曲线图。专家对测试数据进行评判前，需要对历史测试数据有个直观认识，测试数据曲线是一个常用的方法。专家可以对选定武器型号和武器编号的任意测试数据进行趋势曲线图的浏览。浏览过程中可以选择检测日期以缩小数据浏览范围。

② 专家系统知识的录入与管理。专家知识是武器系统性能评估中的重要依据之一。系统提供了专家知识录入模块，可以针对不同的测试项目录入专家知识，为性能评估提供专家知识。

4) 终止

用户通过点击系统主界面上的“退出”按键或直接关闭窗体，系统会弹出如图 7.23 所示的界面，点击“确定”按钮可正常终止本系统，点击“取消”按钮可重新操作本系统。

图 7.23　系统终止界面

5) 重新启动

用户通过点击桌面快捷方式或在开始程序栏启动本应用程序，即可重新启动本系统。

4. 出错信息

本系统主要会对以下几类操作提示错误信息：

(1) 操作流程不正确。

(2) 导入数据文件的数据约束关系与数据库要求不符。

(3) 专家知识库不完整。

(4) 性能评估算法未正常结束。

(5) 数据库连接故障。

5. 安装过程

1) 系统安装

在安装光盘中双击 Setup.exe 安装文件，系统显示如图 7.24 所示。

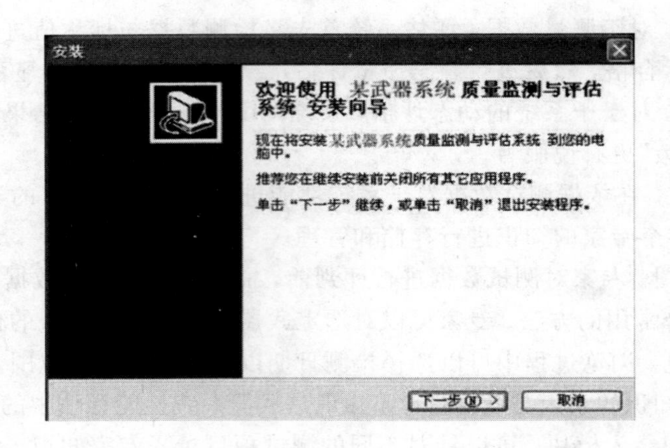

图 7.24　安装界面

点击“下一步”按钮，需要输入安装密码，序列码在光盘 SN 文件中，如图 7.25 所示。

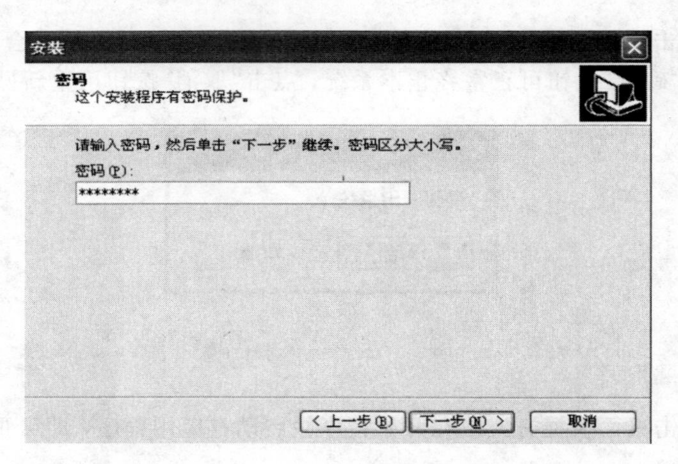

图 7.25　输入安装密码

点击“下一步”按钮，系统显示如图 7.26 所示，在编辑框中用户可以更改安装程序的组件名称，此名称会出现在“开始”中的“所有程序”中。

点击“下一步”按钮，系统显示如图 7.27 所示。

选择“创建桌面快捷方式”复选框，点击“下一步”按钮，系统显示如图 7.28 所示，点击“安装”按钮，程序即可开始安装。

安装完毕后出现如图 7.29 所示的界面。

点击“完成”按钮就完成了安装过程，选中“运行某武器系统质量监测与评估系统”，安装完毕后可自动运行本系统。

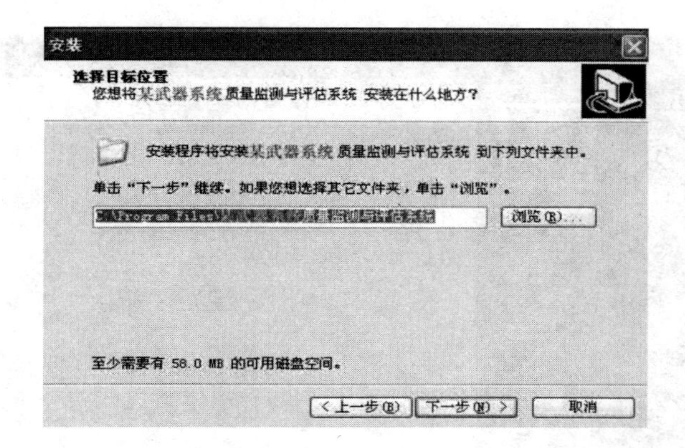

图 7.26　选择开始菜单

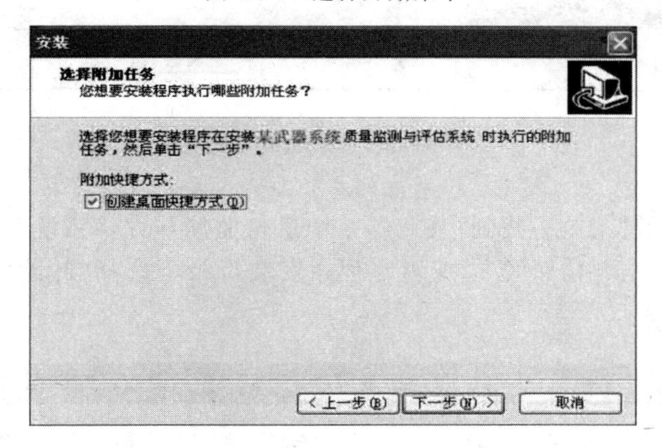

图 7.27　选择添加任务

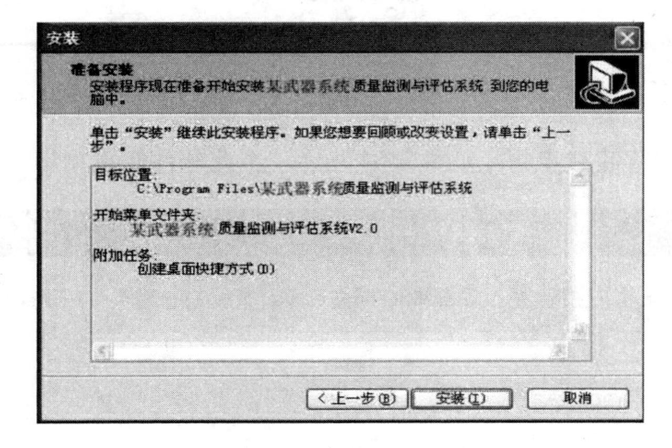

图 7.28　准备安装界面

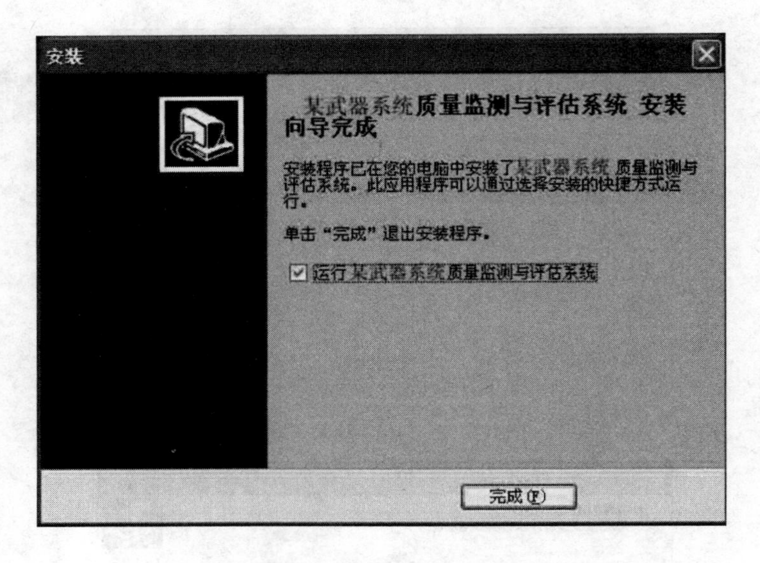

图 7.29　安装完成界面

2）卸载步骤

用户可以在“开始”菜单中找到“某武器系统质量监测与评估系统”子菜单，选择“卸载某武器系统质量监测与评估系统”，或者在程序安装目录中选择“卸载”。运行后显示如图 7.30 所示的提示信息。

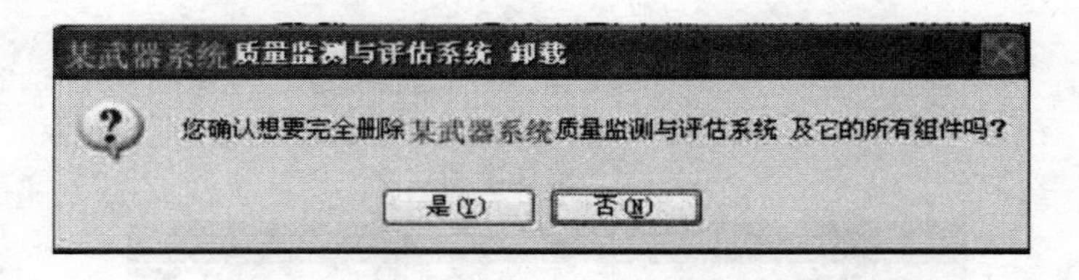

图 7.30　软件卸载确认提示

点击“是”按钮继续卸载步骤，如图 7.31 所示。至此软件卸载完毕。

图 7.31　软件卸载提示

7.5　本章小结

本章基于稳健评估方法对系统进行了设计，按照软件工程建模语言建立了评估系统的流程总图。从评估需求与评估指标体系的构建开始，到评估数据源的采集，多种评估数据源的融合与评估风险的分析，直到最后评估结论的获取，评估逻辑明确，应用过程清楚，评估结论可靠，体现了稳健评估的内涵，也说明了评估方法的合理性与适用性，并在实际中取得了应用。

第 8 章 武器电子系统全寿命 RMS 分析

武器电子系统类型多样，功能复杂，结构层次多，作战环境恶劣，是可修复的大型复杂装备系统。其特点和作战环境要求在使用中少出故障，一旦出现故障应能及时修复。因此，良好的可靠性、维修性和保障性(Reliability，Maintainability，Supportability，RMS)对武器电子系统战备完好性和任务成功性具有重要意义。武器电子系统的 RMS 工作开始于任务需求分析，持续贯穿于整个寿命周期，为此在全寿命周期开展 RMS 工作的同时，通过 RMS 仿真评估来验证和提高 RMS 指标，是实现与优化 RMS 目标的必要手段。

8.1 引　　言

RMS 是武器电子系统的重要设计特性。可靠性指装备在规定的时间和规定的条件下完成规定功能的能力。它是通过设计而形成的产品固有特性，其概率度量称为可靠度。维修性指装备在规定的时间内和规定的条件下，按规定的程序和方法进行维修时，保持或恢复到规定状态的能力。它是产品设计时赋予装备的一种固有属性，其概率度量为维修度。保障性指装备的诸设计特性和计划的保障资源满足装备系统可用性和战时利用率的要求，用来描述装备系统可保障和受保障程度的一种设计特性。

武器电子系统作为一种多系统、多功能的超大型装备，是多种平台系统、多种武器系统组成的复杂综合体。系统构成高度综合、功能相互交错、层次多、任务剖面复杂、可靠性模型多样、失效分布函数难以确定、备品备件影响作用大。为适应军事技术和装备技术的不断发展，武器电子系统装备上大量的先进设备和系统必须不断地更新换代，往往形成不了批量，有的型号甚至只建造一艘，属极小子样复杂产品，这些都决定了 RMS 论证、设计，分析、验证等工作的复杂性。

与解析方法相比，计算机仿真技术具有诸多优势。它可以使人们在设计的早期就能够更深入、更全面地分析系统的要求，它能对已经存在或不存在的系统构建起能反映其特征的模型，并对该模型的实验研究，以了解或设计系统；它还能改进信息沟通，快速地将数据传递到并行开展工作的人员，快速地采纳和分发设计更改。因此，可以利用计算机仿真技术，通过对寿命各阶段武器电子系统的 RMS 工作进行分析，建立武器电子系统系统的 RMS 仿真模型，进行计算机仿真实验，通过实验结果数据的分析，改进或调整 RMS 设计数据，以达到对 RMS 的权衡优化。

众所周知，战备完好性、任务成功性是装备系统的持续作战能力的综合体现，而 RMS 又是影响装备系统战备完好性和任务成功性的重要因素。因此，如何针对寿命周期不同阶段的武器电子系统 RMS 工作特点，建立相应的仿真模型，分析和评价 RMS 对武器电子系统系统的战备完好性和任务成功性的影响，支持全寿命武器电子系统 RMS 的权衡与优化，是一个需要迫切研究与解决的重要问题。对武器电子系统的战备完好性、任务成功性进行仿真评估要解决两个关键问题，一是如何建立模型，二是仿真评估系统的设计与实现。

近年来 RMS 发展的一个主要趋势就是综合化。从本质上看，RMS 是相互渗透、相互影响的，它们共同决定了装备的战备完好性，并对装备的使用、保障费用和寿命周期费用具有重要影响。这种综合化的趋势主要表现在两个方面，一是指标体系的综合，二是工程体系的综合。关于保障性与可靠性、维修性的关系，虽然学术界存在两种争议，即大概念的保障性和小概念的保障性之争，根据保障性工程的目的和定义，保障性及保障性工程就是 RMS 综合的必然。

8.2　全寿命 RMS 评估

8.2.1　武器电子系统及其 RMS 工作的特点

武器电子系统结构复杂，数量有限，执行任务远离岸基，出航时间长，各种任务状态其不同一般装备的特点主要包括：

（1）任务功能多样。武器电子系统作为复杂的武器系统和作战平台，其任务剖面多样，如某型舰包括四项基本任务，一是对空作战，二是对海作战，三是反潜作战，四是编队指挥任务，而每项基本任务又可分为多个任务阶段，各任务阶段特征又有所不同。

（2）结构复杂，学科众多。现代武器电子系统体积庞大，结构复杂，包括船体、武器装备、动力装置、探测、通信导航系统，船体设备、武器电子系统管路系统、防护设施以及工作和生活舱室，油、水、弹药仓和器材仓等；专业门类繁多，技术性能要求先进。武器电子系统属于多学科高度集成的技术领域，融合了机械、电子、电气、电磁、光学等多门学科知识。

（3）任务时间长、可维修。武器电子系统在执行任务过程中，远离基地，任务时间长，一般故障允许边航行边进行舰员级维修，舰上配备有大量的备品备件和维修保障设施，且可维修系统的 RMS 研究难度较大，尤其是武器电子系统总体，可借鉴的资料很少。

（4）研制周期长，造价昂贵。一艘新型舰艇从提出需求到真正形成战斗力要经历需求和战术技术指标论证、研制总要求论证、方案设计、技术设计、施工设计、建造、系泊实验、航行实验、扩大实验、专项实验、部队试用等阶段，历时十多年。在其研制的每个阶段，都要投入大量的研制费用和采购费用。

武器电子系统本身的特征使得其RMS的设计具有下述特点和要求：

(1) 综合性。武器电子系统RMS不仅综合了可靠性，维修性、保障性等专业工程学科以及器材供应、训练、保障设备、技术资料、技术经济等专业学科，而且还与装备设计工程相关的传统工程学科如机械学、电子学、热力学、结构学等相关。

(2) 系统性。系统性是指以系统理论为基础，树立全系统的观点对武器电子系统RMS进行研究。为了获得良好的RMS能力必须实行全系统设计，确保主装备和保障系统同步协调地研制，两者获得最佳的匹配，达到武器电子系统的整体最优化，实现提高战备完好性和任务成功性的目标。

(3) 阶段性。RMS性能是设计出来的，是生产出来的，所以须在武器电子系统研制、生产、使用整个过程中采取改进措施，使可靠性、维修性不断地提高。即在武器电子系统寿命周期的不同阶段，根据产品设计的详细程度，提出并满足相应的RMS要求。

(4) 经济性。各种新技术在RMS中的应用受到费用的制约。为了使费用、性能和进度之间保持综合协调平衡，必须准确估算或预测寿命周期内的各项费用，对寿命周期内的各项费用进行合理设计。为此，在设计开发阶段要全面考虑经济性的问题，将可靠性、维修性和保障性综合权衡优化。

(5) 小子样性。相对其他军事装备而言，武器电子系统数量较少，对它的研究往往属于小子样问题。如全世界的航空母舰数量不超过30艘，驱逐舰300艘左右，护卫舰(巡逻舰)700余艘，因此在武器电子系统的设计研制过程中，可参考的数据资料是非常有限的，对一些设备的RMS实验验证非常困难，导致相关数据的获取难度大。

根据上述特点，解决武器电子系统RMS工作中的诸多问题仅靠传统经验方法已完全不能满足要求，必须系统地进行建模仿真方面的研究与应用。

8.2.2 保障性和保障性工程

根据GJB 451《可靠性维修性术语》中保障性的定义："系统的设计特性和计划的保障资源满足平时战备及战时使用要求的能力。"根据该定义，保障性具有如下特点：

(1) 保障性具有综合性。保障性包含了所有与"保障"有关的因素，既涉及有关的设计特性如可靠性、维修性、运输性、测试性、人素工程、生存性、安全性等，又涉及各保障资源及其管理。因此，从包容关系讲，保障性包括了可靠性、维修性。

(2) 保障性符合部队战斗力要求。保障性源于军事需求，表达了武器装备满足平时和战时战备完好性要求而建立的特性，与部队对装备的要求一致，还与装备工作强调战斗力标准一致。因此，与可靠性、维修性相比，系统保障性更能全面地反映部队对装备的需求，是战斗力的基本要素。

（3）保障性是降低寿命周期费用的综合性的关键要素。战备完好性与可承受的费用是需求与可能的关系，而保障性就是这种需求与可能最佳平衡的结果。保障性包括了设计特性和计划资源两方面，在确定和实现保障性要求的过程中，就是以满足战备完好性要求为目标，以费用为约束，在设计和资源之间求得最佳的协调匹配，从而为降低寿命周期费用提供了最佳的机会。

综上所述，保障性是系统属性，表达了满足使用要求的能力，这与部队对装备的要求及战斗力标准相一致。因此，保障性是比可靠性、维修性更高层次的更全面的指标要求，反映了部队对装备能力的需求，是战斗力的基本要素。

保障性工程是指为了达到装备系统保障性要求而进行的一套论证、研制、生产、实验与评定以及技术运用等工作。

能以较少的保障资源消耗保证装备系统随时执行作战任务并在作战任务过程中持续地发挥其作战效能，是对现代装备系统最基本的要求。为了能达到这一要求，须在装备系统的寿命周期内通过一系列的工程技术和管理活动，从有关保障性的诸设计特性（如可靠性和维修性）与各种保障资源的特性、数量及其配置，以及两者间的协调及配合关系上赋予装备系统良好的保障性，这就是装备保障性工程的总目标。保障性工程的最终目标是以可承受的寿命周期费用，实现装备系统的战备完好性、任务成功性和持续作战能力要求，最终满足平时战备和战时的使用要求。

保障性工程贯穿于装备系统的全寿命过程。从装备论证工作的开始，就必须考虑装备系统的保障性要求，在论证中作为性能指标的一个组成部分确定保障性目标。在装备系统全寿命期内统筹考虑装备与保障有关的设计特性和各保障要素，把研究、设计、实验、制造、使用与保障等各部门的工作联系起来，利用系统工程的方法和技术实施管理，保证系统整体优化，以最经济的寿命周期费用达到保障性目标。在装备部署后，通过装备的使用与保障，进一步完善和改进保障系统，使装备系统保障性水平得以保持和提高。这些工作主要概括为以下几个方面：

（1）制定保障性要求。

（2）保障系统方案的制订。

（3）保障性要求的分配。

（4）保障性分析。

（5）保障性设计特性的设计。

（6）保障资源的设计与研制。

（7）保障性评估。

（8）保障性工程的管理。

8.2.3 以保障性工程为指导的合理性

通过对保障性及保障性工程的分析，可以得出如下结论：

(1) 保障性是比可靠性、维修性更综合的系统属性，更能体现部队的作战需求。

(2) 保障性工程是包括了可靠性工程、维修性工程等专业工程的综合性工程，是一个全寿命过程。

(3) 保障性工程立足于装备保障能力与战斗力的形成，在装备系统采办过程中的系统工程框架内，利用装备保障各相关学科、技术和方法，在装备全系统全寿命管理中实现系统整体优化，达到保障性要求，以满足装备使用要求，这是 RMS 工作发展的最终要求。

因此以保障性工程为指导，根据保障性工程寿命周期各阶段的主要工作，并将可靠性维修性工作融入到其中，开展全寿命 RMS 的仿真评估显得十分自然和必要。

8.3 武器电子系统全寿命 RMS 工作及数据分析

寿命周期一般分为论证、方案、工程研制、生产与部署、使用与保障、退役处理六个阶段。各阶段的 RMS 工作种类繁多，接口复杂，相互交织，有的甚至反复迭代。要通过仿真进行全寿命 RMS 评估，首先应该以保障性工程为指导分析、明确全寿命周期各阶段 RMS 应该完成哪些工作，然后在此基础上，根据 RMS 工作提炼总结出建模仿真可以支持的工作。

鉴于装备的 RMS 特性的确定主要集中于论证研制阶段，而装备的使用和退役阶段的主要 RMS 工作是对装备使用和保障的情况进行评估和改进以及使用数据的收集整理，建模仿真在此处的作用可以建立在前几个阶段工作基础之上，因此，本节重点对寿命周期的论证阶段、方案阶段、工程研制阶段的 RMS 工作进行详细研究。

8.3.1 论证阶段的 RMS 工作及数据

论证阶段要根据装备的任务需求，进行任务要求分析与可行性分析和战术技术指标论证，确定使用要求、保障性约束、初定的保障性要求，以及提出初步的总体技术方案。这些工作可以概括为三项：任务需求分析、论证与确定初步的 RMS 要求、提出初步的总体技术方案。

在立项之前，应进行任务需求分析，确定新研装备的任务需求及专门的使用要求（如使用要求、需保障的武器系统数目、环境要求、运输因素和允许的维修期限等）；找出在任务范围内相似的现有装备在保障性方面的缺陷和保障系统的有关保障问题（如装备的故障率、维修时间、故障检测与隔离能力、保障设备要求、备件利用率等），以确定更好地完成规定任务的途径。

任务需求分析通过使用研究来完成。使用研究的目的是通过对新研装备如何在平时和战时任务范围内使用及保障问题作一全面分析，清楚地掌握使用要求、所需的保障体制与制度及要求，并根据使用要求，确定出与新研装备预定用途有关的RMS因素。

使用研究是从满足任务需求与使用要求出发提出的保障性要求，在使用研究之后，应通过“标准化分析”得出新研装备最佳的标准化设计方法和确定新研装备标准化的设计约束，通过“比较分析”确定提高与改进保障性的目标及影响保障性的主宰因素，还需要通过“改进保障性的技术途径”的分析，确定对提高保障性有潜在影响的技术进步和设计改进的技术途径，以及新的数据处理技术、计算机约束等，评价这些技术对新研装备系统保障性及保障系统的影响，为确定新研装备系统保障性可能改进的程度或可能达到的水平提供信息；然后利用“保障性和有关保障性设计因素”的分析，确定从备选设计方案与使用方案得出的保障性的定量特性，并制定一整套装备系统的保障性及有关保障性设计的初定目标、目标值与门限值。

进行保障性和有关保障性设计因素分析的目的是利用前面工作项目的结果得到一套完整的新研装备的保障性特性，确定出保障性设计的初定目标、目标值、门限值及约束。

首先，根据前面工作项目的输出确定定量的使用特性和保障特性。这些特性包括新研装备的保障方案、可靠性、维修性、战备完好性、使用与保障费用的要求以及保障资源要求等。其次，对影响新研装备系统保障性、费用与战备完好性的主宰因素的有关变量进行敏感度分析，另外还要考虑不可控因素等带来的风险影响。在确定了保障性特性和进行了有关敏感度、风险分析之后，就可建立起新研装备系统定量的保障性目标。这些目标用来表示新研装备系统要达到的保障性、费用和战备完好性的水平。

本阶段所涉及的数据包括：

(1) 作战任务、作战对象、作战使用的假设条件等。

(2) 任务剖面、寿命剖面。

(3) 系统的任务效能目标数据，例如系统所在武器电子系统的完好性目标。

(4) 对系统的任务频度、任务持续时间及其他有关度量的说明。

(5) 对预期威胁的说明，包括在系统整个寿命期内可能出现的威胁趋势。

(6) 对任务的执行和保障性两方面所要求的能力的说明。

(7) 对可靠性、维修性、保障性的定性和定量要求。

(8) 系统预期的订购数量和列装进度。

(9) 初始的维修保障方案。

(10) 所需维修保障计划的基本要求和政策(如部队现有维修保障条件等)。

(11) 维修人力配备、训练约束。

(12) 维修方针、维修类型、修理级别及其时间、间隔。

(13) 准备用哪些资源(费用)来订购该系统和进行保障。

(14) 现有各种相似系统、分系统或部件达到的可靠性、维修性和保障性值。

(15) 现有各种相似系统、分系统或部件的费用。

(16) 现有各种相似系统的战备完好性主导因素。

(17) 任何特殊的设计要求或非正常的保障系统特性要求。

(18) 正在发展的各种技术，包括这些技术的成熟程度、预期可用于生产的进度和风险。

(19) 这些新发展技术相对于现有技术所预期的可靠性和费用。

8.3.2 方案阶段的 RMS 工作及数据

方案阶段主要是进行装备功能分析、RMS 指标分配与优化保障方案权衡。通过功能分析，确定使用功能与分功能、维修功能与分功能，以及对使用可用度、可靠性、维修性、费用及主要的保障系统与保障资源的参数指标进行分配和确定设计准则。通过对研制总体方案中的备选使用方案、设计方案与保障方案进行评价与权衡分析，优化系统方案，确定最佳的使用方案、设计方案与保障方案，以及最后确定保障性指标。

功能分析有两项工作任务：首先是明确新研装备在预期的环境中使用所必须履行的功能；其次是确定装备在使用过程中，为保持和恢复所具备的功能所必须完成的使用与维修工作。

功能分析之后，需要制定备选的保障方案。确定保障系统备选方案，主要包括三方面工作：一是制订与修改保障方案。保障方案应在符合保障性和有关保障性设计约束的范围内，能对满足功能要求的新研装备提供全面的保障，因此，保障方案应涉及全部的保障要素。二是对每一备选的保障方案制定相应的保障计划。制定保障计划是承制方在寿命周期各阶段贯彻与实施订购方提出的保障性要求和经订购方认可的保障方案的具体措施和细化。三是对每一备选保障方案和保障计划进行风险分析。

备选方案评价与权衡分析的目的是优化保障系统方案，同时通过装备备选方案的权衡分析来影响装备设计，以便确定出满足设计和使用要求的最佳备选保障方案，并且能在费用、进度、性能、战备完好性和保障性之间得到最佳的匹配。备选方案评价与权衡分析包括如下主要活动：制定评价准则；建立评价模型；对每一备选方案进行评估及其与使用方案、设计方案的权衡；各项保障资源的分析与权衡等。

本阶段涉及的 RMS 数据项如下：

(1) 展开到分系统层次的任务历程，包括作战使用历程、非作战使用历程等。

(2) 武器电子系统总体方案、武器电子系统系统方案(对系统和设备)。

(3) 备选的维修保障方案、保障计划。

(4) 分系统层次上的作战使用要求、保障要求、环境要求。

(5) 细化的战备完好性要求，深入到分系统层或组件层。

(6) 量化战备完好性分量。

(7) 建议的武器电子系统级或系统级的可靠性、维修性、保障性参数的初始门限值。

(8) 确认的武器电子系统级或系统级的可靠性、维修性、保障性参数的门限值、目标值、规定值。

(9) 保障资源参数及指标。

(10) 组件级的可靠性、维修性、保障性要求。

(11) 使用与维修工作。

(12) 确认的维修级别。

(13) 人员与技术等级。

(14) 维修保障方案、保障计划。

8.3.3 工程研制阶段的RMS工作及数据

工程研制阶段主要是进行主装备与保障系统的详细设计与研制、装备系统的设计定型、小批量试生产和生产定型。该阶段的保障性分析主要是继续进行详细的保障资源分析，根据保障性分析记录制定综合技术保障文件和修订保障计划，此外，还要修订综合技术保障计划和综合保障计划。

保障系统是使用与维修装备所需的所有保障资源及其管理的有机组合。在装备设计与研制的同时，确定与装备相匹配的保障资源要求，这是关系到装备交付部队使用时，能否及时、经济有效地建立保障系统，以及能否实现预期的战备完好性与保障性目标的重要问题。该阶段的保障系统详细设计与研制，主要是通过使用与维修工作分析确定保障新装备所需要的全部保障资源要求，通过早期现场分析提出和解决早期现场分析中暴露的保障问题。

本阶段涉及的数据项主要如下：

(1) 系统的战备完好性、可靠性、维修性、保障性。

(2) 分配到系统、设备、部件和分部件等的可靠性、维修性、保障性指标。

(3) 维修保障方案、保障计划。

(4) 详细的保障资源要求。

(5) 根据修理级别，描述使设备维持在使用状态或恢复到使用状态所必需的具体维修活动。

(6) 维修的时间与频率。

(7) 人员要求(技术等级和人员数量)。

(8) 训练要求和训练设备的要求。

(9) 保障设备与实验设备。

(10) 设施要求。

(11) 技术资料要求(技术手册、修理程序、校准程序、图纸与规范)。

(12) 可靠性、维修性、保障性实验评价的目标。

(13) 可靠性、维修性、保障性实验评价的结果。

8.3.4 生产与部署阶段的 RMS 工作及数据

生产与部署阶段主要是进行装备的批量生产，经批量生产修订材料规范与工艺规范；保障资源的生产、采购与供应；按部署保障计划部署装备与分发供应保障资源，建立与编配保障机构，以及对部署的装备进行初始供应；进行必要的保障性分析，如停产后保障分析，继续进行 RMS 实验与评价，收集使用与保障数据，评价是否形成初始作战能力，对发现的保障性问题提出纠正措施；修订综合技术保障计划与综合保障计划等。

8.3.5 使用与保障阶段的 RMS 工作及数据

使用与保障阶段主要是按制定的保障计划与保障制度对装备进行使用与维修；保障资源的再生产、再采购与后续供应；收集使用与维修保障数据，修订与补充保障性分析记录数据库，对发现的问题采取纠正措施；必要时对装备进行技术改进。

8.3.6 退役处理阶段的 RMS 工作及数据

退役处理阶段主要是主装备与保障资源的退役处理；收集使用与维修保障数据，存入 RMS 分析记录数据库并存档。

8.4 武器电子系统全寿命 RMS 建模仿真需求

进行 RMS 建模仿真的直接目的是通过不断的仿真实验来评价权衡优化武器电子系统的 RMS 性能，辅助 RMS 的设计研制工作，最终目标是实现和提高武器电子系统的战备完好性与任务成功性。因此武器电子系统 RMS 建模仿真应与全寿命 RMS 工作同步进行，并能在寿命周期的不同阶段对相应的 RMS 工作提供支持。在 RMS 指标论证阶段，要能够描述 RMS 指标与顶层的战备完好性和任务成功性的关系，评价权衡不同的指标值对顶层指标的影响，辅助确定 RMS 指标要求；在方案阶段，要能够描述不同的系统方案、保障系统方案，对不同的系统方案、保障系统方案进行评价比较与优化，为备选系统方案、备选保障系统方案的选择提供决策依据；在使用阶段可以收集使用和维修数据，在鉴别出维修保障薄弱环节的同时，对提高维修保障能力的措施进行优化，实现装备战备完好性与任务成功性的不断改善。

建模仿真对全寿命 RMS 工作支持关联关系描述了 RMS 论证、设计和使用维修保障工作之间的关系，相应地可利用 RMS 仿真模型支持仿真评估，根据评估结果实施改进。这样的迭代过程贯穿于全寿命 RMS 的工作过程中。

前面已分析了装备全寿命周期各阶段的 RMS 工作及数据项目，下面将分阶段论述 RMS 工作对建模仿真的要求、输入/输出以及对相应阶段 RMS 工作的支撑作用。

8.4.1　论证阶段的RMS建模仿真需求

论证阶段的RMS工作可以概括为三项：任务需求分析、论证与确定初步的RMS要求、提出初步的总体技术方案。

任务需求分析通过使用研究来完成，包括确定与使用有关的保障性因素、将定量数据形成文件、进行现场调研、制定与修改使用研究报告四个子项目。这些子项目大部分都是通过定性的比较分析来完成的，仿真对它们的辅助作用有限，因此建模仿真在此处的工作主要是根据这些工作设计模型，尽可能地在模型中包括RMS相关的信息，比如作战任务、使用要求(包括每个单位时间内的任务次数、任务持续时间)、预期寿命、装备所需要的使用人员、维修保障人员等，为后续阶段进行仿真提供尽可能接近实际系统的模型。

在论证与确定初步的RMS要求时，应通过不断的权衡分析来实现RMS指标之间的相互协调，而建模仿真在权衡比较分析方面具有优势。

首先可以建立现有系统的RMS模型，为新研装备确定用于比较分析的比较系统，然后在比较系统上进行仿真评估，通过比较分析确定新研装备的RMS有效信息。这些信息包括平均故障间隔时间、平均维修时间、关键的故障项目、人力要求等。通过仿真评估和权衡分析，还可以帮助确定比较系统费用、战备完好性及保障性等主宰因素，在研制新装备时可以确定哪些因素作为潜在的主宰因素并置于优先解决的位置。

其次建模仿真还应对改进RMS的技术途径的分析提供支持，通过仿真比较可以找出薄弱环节，将新技术应用到模型中，评估新技术对RMS的影响，帮助确定改进RMS的技术途径，包括新工艺、新技术、新材料和新的设计思想。

最后要能够通过建模仿真权衡确定RMS指标要求。为此建模仿真要能够表现RMS特性与顶层战备完好和任务成功性的关系，设定顶层指标后，通过不断地改变RMS参数多次仿真评估，确定出初定的RMS指标要求。这些要求主要是系统级(或分系统级)的可用度指标、平均故障间隔时间、平均修理时间、人员数量与技术等级等。

初步的总体技术方案包括：初始的使用方案、设计方案与保障方案。仿真模型要能够描述总体技术方案中涉及的RMS信息，包括对任务及使用要求的描述，如系统的任务频度、任务持续时间，以及其他有关度量的说明；武器电子系统总体的的系统组成及关系；系统级的使用可用度、平均故障间隔时间、平均修复时间、平均后勤延误时间等定量的RMS信息；维修方针、维修类型、修理级别及其时间、间隔等维修保障计划信息。

在明确了建模仿真在本阶段承担任务的基础上，综合接口分析的结果，建模仿真论证阶段的RMS工作。

8.4.2　方案阶段的RMS建模仿真需求

方案阶段的RMS工作首先是通过功能分析确定每一备选方案在预期的使用环境中所

应具备的使用、维修与保障功能，并进一步确定使用与维修保障装备所必须完成的各种工作；进一步修改和确定系统级的综合技术要求，并将系统级的要求进行细化和向下分配；通过系统的综合权衡使装备的技术方案、保障方案得以优化。

确认装备在预期的环境中所应具备的功能是进一步确定为保障装备正常运行所需的使用与维修工作的基础。为此，应首先从装备的各种作战与训练任务剖面分解和归纳出装备的各项功能，其次是根据装备功能确定使用与维修工作，这部分工作主要通过一些分析方法完成，如故障模式、影响和危害性分析(FMECA)及以可靠性为中心的分析(RCM)等。建模仿真此时应能建立装备的功能模型，并建立功能与各种作战和训练任务的关联关系，通过仿真不仅能评估功能对任务目标的满足情况，还能建立维修作业模型，描述为实现某一功能所需要的维修工作。

方案阶段的第二项主要工作就是要进一步修改和确定系统级的综合技术要求，并将系统级的要求细化和向下分配。建模仿真要对系统级的技术要求和预计分配的指标进行权衡评估，通过仿真找出不合理的指标并给出修改意见，帮助设计者实现顶层指标。为此，前阶段建立的模型在本阶段应能够细化深入，支持指标向下分解。

方案阶段的第三项工作就是通过综合权衡，使系统的使用方案、设计方案和保障方案得到优化，最终确定最佳的使用方案、设计方案与保障方案。为此，建模仿真要能够对系统的使用方案、设计方案和保障方案建立模型，并建立三者的关联关系，通过仿真评估系统顶层指标的实现情况，给出提高系统顶层指标的建议。

8.4.3　工程研制阶段的 RMS 建模仿真需求

工程研制阶段的 RMS 工作是在前一阶段工作的基础上，按照综合技术要求进行详细设计，其中包括主装备的设计和各保障要素的设计和研制。随着设计方案的逐步确定和细化，本阶段还将对系统的可靠性和维修性进行分析评估和验证实验，综合各方面信息，进行使用和维修工作分析，保证设计得到的产品达到预定要求。

本阶段系统 RMS 工作对建模仿真的需求体现在两个方面：一方面建模仿真要在支持上一阶段工作的基础上不断扩展和细化系统模型，以支持 RMS 工作项目反复迭代、不断深入的要求，尤其是保障系统的建模，要能够准确地描述保障系统所包括的各类保障资源及详细要求，通过建立保障系统与主装备系统的关联关系，结合前面装备任务与主装备的关联关系，根据仿真实验优化和细化保障方案并确定详细的保障资源要求；另一方面，建模仿真应利用本阶段更为详尽的设计信息，不断地分析和评价系统的可靠性维修性和保障性指标，帮助发现设计上的薄弱环节，提出修改和纠正措施，最终保证顶层战备完好性与任务成功性指标的实现。

8.5　武器电子系统 RMS 仿真评估原理

仿真评估原理主要是根据武器电子系统全寿命各阶段 RMS 工作对建模仿真工作的要求，研究适应武器电子系统全寿命 RMS 工作的建模和仿真方法，为支持全寿命 RMS 仿真评估提供方法基础，为开发武器电子系统 RMS 仿真评估系统提供理论基础。

8.5.1　建模方法研究

目标树成功树-动态主逻辑图(GTST－DMLD)作为功能建模方法的一种，国内外已有多位专家学者对其进行研究应用，关于其详细内容，此处不再赘述。本节在项目组前期工作的基础上，针对武器电子系统不同寿命阶段 RMS 工作的特点，研究如何通过 GTST－DMLD 建立不同寿命阶段的 RMS 模型，以支持全寿命阶段的 RMS 仿真评估。

1. 建模总体思路

武器电子系统是由武器电子系统主装备和维修保障系统构成的。武器电子系统主装备为执行某种或多种作战任务而设计，通常按照功能或结构可划分成多个层次。维修保障系统是为满足主装备正常运转而提供使用与维修所需保障资源的有机组合。从武器电子系统主装备的角度讲，主装备及其各层次构成部分是为实现武器电子系统规定的任务而服务的；从维修保障系统讲，武器电子系统维修保障系统是为满足主装备在使用过程中组成部件发生故障的情况下能及时将其恢复到规定技术状态而服务的。武器电子系统任务与主装备以及主装备与维修保障任务之间都存在“主”和“辅”的支撑关系，根据 GTST－DMLD 建模思想，可以在武器电子系统任务、主装备和维修保障系统三者之间建立描述它们之间交互关系的 GTST－DMLD 模型。

根据武器电子系统任务、主装备和维修保障系统的组成内容及逻辑结构，可分别利用 GTST－DMLD 对它们进行层次化的表示。在任务和主装备之间，将任务剖面的各阶段与其所需的武器电子系统用关联矩阵符号连接起来，表示出武器电子系统主装备对完成武器电子系统任务的“辅助”能力。在主装备和维修保障系统之间，将武器电子系统主装备各部件不同故障模式、不同维修作业与其所在维修级别上的维修资源类型对应起来，表示出维修保障系统对武器电子系统主装备完好的“支撑”功能。通过这个过程就可以得到反映武器电子系统任务、主装备、维修保障系统关联关系的 GTST－DMLD 描述模型。

此时的武器电子系统 GTST－DMLD 模型能将任务、主装备和维修保障系统的逻辑关系以及部件故障后的影响、进行维修时所需的维修资源表示出来，但部件何时故障、故障后维修所需各类型资源的数量、修复故障所需的时间、维修级别上各类资源配置的数量、任务剖面各阶段的起止时间、任务期间的维修策略等反映武器电子系统可靠性、维修性、保障性与使用特性的信息还不能表示出来。因此，必须对 GTST－DMLD 的建模符号和单元进行信息扩展和封装，将设计中获得的关于主装备和保障系统的 RMS 信息和武器电子系统任务信息集成到对应的模型符号中，这样便可形成完整的武器电子系统装备系统 RMS 描述模型。

根据武器电子系统任务、主装备和保障资源的特点，可将 GTST－DMLD 的单元符号分为三类，即任务单元、装备单元和资源单元。

2. 可靠性建模

虽然 GTST－DMLD 在描述系统的组成和结构方面具有优势，但系统的可靠性模型与物理模型(系统结构)并不完全等同，需要对 GTST－DMLD 模型作必要的补充和扩展。

典型的可靠性模型包括串联模型、并联模型、表决模型、旁连模型(冷储备)等。

3. 武器电子系统全寿命 RMS 建模

根据建模仿真需求分析，寿命周期各阶段的 RMS 工作内容和特点以及涉及的数据有所不同，因此对建模仿真的需求也有所差异，本节将针对前一章提出的建模仿真需求，首先研究不同阶段的建模问题。

1) 论证阶段的 RMS 建模

论证阶段的建模需求主要包括任务剖面的描述、建立系统的功能模型、描述初始保障方案、建立比较系统的 RMS 模型四个方面的内容。

任务剖面的描述通过对 GTST－DMLD 的建模符号进行信息扩展、封装，包括任务编号、任务名称、任务开始时间、任务结束时间、任务成功判据、任务描述、子任务逻辑关系、任务所需装备及装备的重要度。这里重要度是指装备对任务成功的影响程度，如重要度为 1 的装备一旦出现故障将导致任务中断。

武器电子系统总体一般由船体和船舶装置、动力系统、电力系统、船舶辅助系统、直升机舰面系统、作战系统等几大功能系统组成。论证阶段对武器电子系统有关信息的掌握一般只能到系统级或分系统层次，RMS 有关论证与分析工作一般只在系统或分系统层次进行，因此本阶段要建立系统级(分系统级)的主装备模型。建立系统级(分系统级)的主装备模型，同样要对 GTST－DMLD 的建模符号进行扩展封装，包括装备编号、装备名称、MTBF、MTTR、故障模式、预防性维修时间间隔、需要的保障资源及数量。

对初始保障方案的描述主要建立初始的保障系统模型。扩展和封装的信息包括资源名称、资源类别、资源数量、技术级别等。

为了确定新研装备系统 RMS 参数及确定需改进的有关 RMS 的设计特性，利用比较系统进行比较分析是一种有效的途径。为此，建立比较系统的 RMS 模型，需将有关任务、主装备、保障系统的模型关联起来，通过对顶层指标，如使用可用度的仿真，实现比较及分析的目的，为新装备的 RMS 设计提供参考和依据。

根据上述分析，论证阶段的建模主要是基于系统的初始使用方案、总体设计方案以及保障方案进行系统级的建模，由于缺乏各工程专业及综合保障要素方面的详细信息，模型只能在较高层次建立。本阶段的模型可将使用分析中得到的具体任务剖面、根据初始设计方案得到的装备系统级和分系统级的结构分解、各系统或分系统需要的维修保障资源作为模型的三大主要部分，然后利用GTST－DMLD的建模符号将主装备与保障资源的底层元素关联起来，即完成建模。

另外模型中还有表示逻辑关系和关联关系的逻辑符号与关联符号。主装备部分的逻辑门表示装备结构之间的逻辑关系，而任务部分的逻辑符号则表示子任务与父任务的关系。例如在实际中，一次拦截任务可分为导弹拦截子任务、舰炮拦截子任务和近程反导拦截子任务，按照任务剖面划分，三个子任务是依次进行的，只要任意一个子任务成功，则父任务完成。模型中的关联关系分别表示任务与主装备、主装备与保障系统之间的依赖关系。

2）方案阶段的RMS建模

方案阶段的建模需求主要包括：建立装备的功能模型及任务与功能的关联关系，模型的细化深入以支持指标的预计和分解，对系统的使用方案、设计方案和保障方案建立模型，并建立三者的关联关系三个方面的内容。

方案阶段对系统进行了功能分析，确定了系统和设备在预期的环境中所必须具备的使用、维修与保障功能。随着本阶段保障性分析的进行，可以在得到的功能框图的基础上，综合不断完善的设计信息，对主装备系统进行功能层直至结构层的建模。对于主装备，首先对完成任务所应具有的使用功能进行分解，划分相应的子功能，明确为完成上一层次功能，相应子功能之间的逻辑关系，重复上述分解过程直至基本的功能单元，然后按照同样的步骤进行对应功能单元下装备结构层次的分解；而任务与功能之间的关联关系可以通过GTST－DMLD的建模符号表示。

本阶段的模型随着研制进度的推进，模型层次逐渐细化，组成元素也相应增多。由于故障模式影响及危害性分析、使用与维修工作分析、以可靠性为中心的维修分析等保障性分析工作的开展，对装备的维修保障信息有了更深入的了解，所以装备单元封装的信息应包括故障模式、维修活动和维修作业、所需的保障资源等信息。

对系统的使用方案、设计方案和保障方案建立模型，即对武器电子系统任务、武器电子系统主装备和保障系统建立模型，以及建立任务与主装备及主装备与保障系统的关联关系。本阶段对三者的建模与论证阶段的不同之处在于，随着寿命周期阶段工作的推进，所掌握的装备系统的信息更加详细，模型更加深入和详细。如设计方案即主装备系统的建模可以描述到分系统以下的层次，任务与主装备的关联也可以关联到更低层的单元，主装备与保障系统的关联不再是简单的关系，而是通过不同的故障模式、不同的维修作业进行关联。

与论证阶段建立的模型相比，方案阶段模型更加详细。例如保障系统部分，由于开展了修理级别分析等保障性分析工作，对保障系统的级别划分、保障资源详细要求都更加明确；主装备部分的层次划分更加详细，可以建立子系统级以下层次的模型；另外主装备与保障系统的关联也更加明确，可以将不同故障模式下、不同维修活动、不同维修作业对应的资源进行关联，从而获取更详细、更准确的关联关系。

3）工程研制阶段的RMS建模

工程研制阶段主要是进行主装备与保障系统及其资源的研制、装备系统的设计定型、小批量试生产和生产定型。该阶段的建模需求一方面不断扩展和细化系统模型，尤其是随着使用与维修工作分析、修理级别分析的深入，模型能够准确、详细地描述保障系统所包括的各类保障资源及具体要求，通过建立保障系统与主装备系统的关联关系，结合前面装备任务与主装备的关联关系，更为详细地描述装备RMS模型。

另一方面，由于在装备的论证阶段和方案阶段获得的RMS实验信息还很有限，所以模型中主装备与保障资源的关联矩阵之间采用了很多依赖节点，表示设备与保障资源之间存在关联关系，但这种关系尚未明确，需要在适当的时候做进一步的分解。因此，随着寿命周期阶段的推进，设计信息的不断细化，后续的建模可以根据上一阶段模型中依赖节点两端所连接的单元符号，利用GTST-DMLD对这两个单元符号之间的关联关系做进一步的描述。后续使用于保障阶段、退役处理阶段的建模工作主要是在前期模型的基础上，根据实际使用与维修保障，对模型进行修正和完善，丰富相关数据，提高模型的适用有效性，这些工作与实际应用紧密关联，在此不再深入赘述。

8.5.2　仿真评估方法研究

装备的RMS仿真评估，就是应用系统仿真技术在装备论证、研制、生产、部署、使用与保障的各个阶段，通过对装备使用与维修保障过程的模拟，实现对装备的战备完好性、可靠性、维修性、保障性等的分析、预计、权衡和优化的系统工程过程。其目的是支持实现装备全寿命RMS的优化设计和提高维修保障能力。仿真评估方法是开展这一工作的技术基础。

1. 离散事件系统仿真策略

系统的状态只在离散时刻发生变化的系统被称为离散事件系统，或称为离散事件动态系统（Discrete Event Dynamic System，DEDS）。离散事件系统具有如下特点：

（1）离散事件动态系统的状态只能在离散时间上发生跃变。

（2）离散事件动态系统的状态变化具有异步性和并发性。

（3）现实中离散事件动态系统的状态变化往往呈现出不确定性。

根据装备使用与维修保障的特点，装备的RMS仿真属于典型的离散事件系统仿真。武器装备在使用与保障过程中的执行任务、发生故障、进行维修、资源周转等所有事件和活动都体现着离散事件系统的本质特征。由于其任务、装备、资源的状态或活动的发生仅在离散的时间点上发生，因此可以将装备系统作为离散事件系统来研究、分析和应用。

仿真策略是仿真的世界观，它规定了离散事件系统的仿真模型表达方法和仿真运行解算机制，既是离散事件系统建模的概念框架，也是离散事件系统仿真的基本算法。离散事件系统仿真策略一般包括事件调度法(Events Cheduling)、活动扫描法(Activity Scanning)和进程交互法(Process Interaction)。这三种仿真策略各有优缺点，事件调度法建模灵活，可应用范围相对较广，但事件调度法是一种预定事件发生时间的方法，而有的事件除了与时间有关，还需要满足另外某些条件才能发生。活动扫描法对各事件之间相关性很强的系统来说，模型执行效率高，但需要用户对各实体的活动进行建模。进程交互法建模最为直观，其模型表示接近真实系统，特别适用于活动可以预测、顺序比较确定的系统，但是其流程控制复杂，建模灵活性差。

由于现代武器装备趋于复杂，每个大型装备都包括成千上万甚至更多的零部件，同一时刻可能有多个部件需要或正在进行维修保障活动，而一次完整的修复性维修活动按照时间顺序可分为五个维修作业，包括故障检测与定位、拆卸与分解、原件修理或替换、装配、调试运行。不同活动、不同作业之间存在着因为资源、优先级等条件而引发的冲突、并发等问题。所以装备 RMS 的仿真策略需选择一种以“条件”为主线的仿真策略。

比较三种基本的仿真策略，事件调度法是一种以事件发生的时间为主线的仿真策略，它在条件判断方面的不足使其无法预知需要满足特定保障资源要求的维修保障活动的开始与结束时间；进程交互法是通过所有进程中时间值最小的无条件延迟复活点来推进仿真时钟，但是维修保障活动的复活点绝大多数都是有条件的，而且进程交互法流程控制复杂，建模灵活性较差；活动扫描法是以活动发生的状态条件为主线的仿真策略，符合装备 RMS 的特点。根据上述分析，采用活动扫描法进行装备 RMS 仿真是比较合理的。

2. 活动扫描法

活动扫描是以活动发生的状态条件为主线的仿真策略。每一活动都有一个发生的状态条件及相应的处理程序(称为活动例程)，活动例程给出了当条件满足时应当完成的一组操作。建模者的主要任务是辨明可能导致活动发生的各种条件，并且分别给出相应的操作内容，包括未来某一时刻需要完成的操作。仿真运行时，根据下一状态变化时刻不断推进仿真时钟，每当时钟推进一步，就对所有活动的发生条件进行循环扫描，并执行被激活的活动例程。

活动的发生必须满足一定的条件，其中活动发生的时间是优先级最高的条件，即首先应该判断该活动的发生时间是否满足，然后再判断其他条件。

在活动扫描法中，除了设置系统仿真时钟外，每一个实体都带有标志自身时钟值的时间元(Time-Cell)。时间元的取值由所属实体的下一事件刷新。

用活动扫描法建立仿真模型时，关键是建立活动子例程，包括此活动发生引起的实体自身状态变化以及对其他实体产生的影响等，然后用条件处理模块来控制仿真的推进，即对满足条件的活动调用其相应的活动例程进行处理，处理完成后再返回条件处理模块，如此重复执行直到仿真活动终止。

活动扫描法的基本思想是，用各实体的时间元的最小值推进仿真时钟；将仿真时钟推进到一个新的时刻点后，按优先级执行可激活实体的活动例程，使测试通过的事件得以发生，并改变系统的状态和安排相关事件的发生时间。活动扫描法基本算法如下：

(1) 初始化。

① 设置仿真开始时间 t_0 和仿真结束时间 t_j。

② 设置实体的初始状态。

③ 设置实体的时间元。

(2) 设置仿真时钟 TIME$=t_0$。

(3) 如果 TIME$\leqslant t_j$，执行步骤(4)；否则执行步骤(6)。

(4) 扫描活动例程。

(5) 推进仿真时钟。

(6) 仿真结束。

3. RMS 仿真关键技术

用活动扫描法进行 RMS 仿真，首先要解决几个关键技术：系统实体和相关活动、事件的辨识；事件表中故障事件优先级的确定；装备各单元的时间元及系统时钟 TIME 的确定与推进等。

武器电子系统的 RMS 仿真研究中，要考虑的实体主要有武器电子系统故障装备、各类维修资源(包括维修设备、维修人员等)、维修队列。其中各类资源是永久实体，故障装备是临时实体，维修队列是一类特殊实体。

各类资源有“维修”和“储备”两个活动，分别对应“占有”和“空闲”两种状态。故障装备与资源协同完成维修活动，或者在队列中排队等待，具有“等待维修”和“接受维修”两种状态。维修队列的状态以队列长度标识。

武器电子系统的 RMS 仿真评估中，需要考虑以下三个活动例程：

(1) 故障发生：处理“故障发生”活动结束事件的活动例程。

(2) 维修开始：处理“接受维修”活动开始事件的活动例程。

(3) 维修结束：处理“接受维修”活动结束事件的活动例程。

面向活动的仿真模型一个特点，就是要反复进行活动扫描。只要在一个活动例程中有动作发生，就要跳到优先级最高的活动例程重新开始扫描。

应根据保障性工程思想，同步研制主装备与保障系统，以保障性分析作为技术手段，针对寿命周期各阶段的保障性工作的不同特点和侧重点，通过实验与评估进行 RMS 的权衡与优化。

8.6 本章小结

本章以武器电子系统系统为研究对象，以武器电子系统全寿命 RMS 的权衡优化为目标，对武器电子系统全寿命RMS的工作流程、数据接口进行了研究，分析武器电子系统RMS特点，提出了全寿命RMS评价对建模仿真的需求，根据需求设计并开发了适应装备全寿命周期和全要素影响的RMS仿真模型和仿真系统，构建了适应海军武器电子系统装备RMS仿真评价的系统框架，开发了体系合理的基于软件集成的建模仿真软件系统，以最终实现相应仿真软件，为装备全寿命周期RMS权衡和优化提供了可行的技术手段。在相关技术的前期研究中，已经对装备RMS建模仿真适用性予以了说明，对建模仿真的要求也开展了比较粗略的研究，并运用GTST－DMLD对装备寿命周期各阶段RMS综合建模进行了研究，初步建立了装备RMS综合仿真的系统框架。本章的研究即在此基础上进一步详细研究了各寿命阶段的需求，完善了建模方法和仿真策略，并最终研究实现了RMS建模与仿真系统。

为此，本章着眼于武器电子系统全寿命周期的RMS工作流程与数据接口研究，以此分析建模仿真需求；通过建立满足武器电子系统全寿命各阶段的RMS仿真模型，开发出具有较强工程适用性、良好的兼容性以及可扩展性的RMS仿真系统，为在全寿命周期各阶段改善和提高武器电子系统RMS水平提供了支持方法和软件工具，并通过仿真软件的应用，实现了武器电子系统全寿命周期RMS权衡优化和维护保障能力的提高。

本章的预期目的旨在为武器电子系统寿命周期各阶段的RMS的权衡优化和维护保障能力的提高提供工程适应性强的RMS仿真方法及软件，为改进武器电子系统此类大型复杂可修系统的RMS设计、提高武器电子系统此类大型复杂可修装备系统的维修保障水平提供有力的技术和工具支持。

武器电子系统任务剖面多样，功能复杂，结构层次多，作战环境恶劣，是可修复的大型复杂装备系统。其特点和作战环境要求在使用中少出故障，一旦出现故障应能及时修复。因此，良好的RMS是影响装备系统战备完好性和任务成功性的重要因素。如何针对寿命周期不同阶段的武器电子系统RMS工作特点建立相应的仿真模型，分析和评价RMS对武器电子系统系统的战备完好性和任务成功性的影响，支持全寿命武器电子系统RMS的权衡与优化，是一个需要迫切研究与解决的重要问题。而要对武器电子系统的战备完好性、任务成功性进行仿真评估，需解决两个关键问题：第一是如何建立模型，第二是仿真评估系统的设计与实现。

近年来RMS发展的一个主要趋势就是综合化。从本质上看，RMS是相互渗透、相互影响的，它们共同决定了装备的战备完好性，并对装备的使用、保障费用和寿命周期费用具有重要影响。这种综合化的趋势主要表现在两个方面：一是指标体系的综合，一是工程体系的综合。关于保障性与可靠性、维修性的关系，虽然学术界存在两种争议，即大概念的保障性和小概念的保障性之争，但本章认为，根据保障性工程的目的和定义，保障性及保障性工程就是RMS综合的必然。

第9章 总结与展望

9.1 本书取得的主要成果

现今，国内在武器电子系统质量评估理论领域的研究正处于探索阶段，起指导作用的评价理论和方法等基础研究相当薄弱，还没有形成完整的、系统的并被广泛接受和应用的、成熟的理论方法，评估技术远远跟不上装备维护要求，在一定程度上制约了部队对武器电子系统实施最终的管理、使用和维护。本书从稳健评估机理出发，以武器电子系统质量评估指标体系的优化、权重体系的设计、多源数据融和及可靠评估算法的实现为突破，通过对数据信息的综合分析来评估武器电子系统质量状况，形成了一套完整的质量评估方法体系。概括起来，本书取得的主要成果如下：

（1）在质量评估指标优化方面，深入研究了信息熵在指标赋权中的原理，提出了基于熵权的区分度的概念。通过对指标区分度的测算，实现了评估指标在常规状态和战备状态中的区分优化，为应急情况下缩短电子装备质量检测时间提供了一种可行的解决思路。

（2）在质量评估权重体系设计方面，权衡指标重要度与区分度，提出了基于专家分辨系数的主观赋权法和基于最优权系数的组合赋权法。主观赋权依据模糊判断矩阵，在专家分辨能力的基础上实现了指标优先权重，而组合赋权克服了以往主观赋权与客观赋权简单线形叠加的理念，设计了一种基于最优组合因子的权系数求解法。主观赋权和组合赋权的算法分离，实现了评估指标优先权重的计算与赋权的全新“组合”，为武器电子系统静态评估和动态评估的实现做了科学的铺垫。

（3）在质量评估算法实现方面，引入了多源数据融和和多属性决策理论，结合部队实际需求，提出了基于武器电子系统静态检测与动态检测的评估算法。基于此，既可以实现武器电子系统质量即时检测，又可以实现当前质量与历史质量的“决策”检测，从而更全面地掌握武器电子系统的质量变化趋势，为维护和保养提供强有力的理论支持。

（4）在质量评估风险控制方面，针对质量评估结果的可信度问题，提出了一种基于权重的D－S证据理论与专家评定相结合的可信度校验方法。该方法借鉴元评估思想，通过对专家论证进行证据合成，实现了元评估结果的可信度度量，为武器电子系统质量稳健评估提供了一种有利的技术支撑。

(5) 设计并实现了武器电子系统数据管理与质量评估系统，作为一个实用性强、使用方便的数据管理与评估系统，在很大程度上克服了评估和优选数据工作量大、时间长的瓶颈，为武器电子系统质量评估提供了高效、稳健的决策辅助。

9.2　尚待研究的问题

尽管作者在本课题的研究过程中查阅了大量资料，对质量评估算法及相关技术进行了较为深入的研究和探讨，但由于问题的复杂性以及资料、时间等因素的限制，所取得的成果只是初步的，今后还应当在以下几个方面进行深入研究和完善：

(1) 评估指标体系优化方法的进一步完善。指标的区分度和重要度是指标优化过程中两个不可或缺的考察因素，如何实现指标在优化过程中区分度和重要度的合理均衡，使其在优化过程中都得到应有的体现，需要进一步的探讨。

(2) 评估方法的进一步创新。评估方法只是工具，不同的评估方法存在着各自的理论缺陷和限制，因此技术评估方法的创新也就显得非常重要，如何通过评估方法的创新来弥补各个方法或者模型的缺陷，使评估工具更加科学化，也是目前需要进一步深入探讨的问题。

(3) 评估风险测度的进一步探讨。由于所研究的对象涉密性高，资料及数据获取困难，因此在对质量评估可靠性分析和稳健机理上，还有很多细致工作要做。特别是在实验数据极其匮乏的情况下，开展稳健评估机理研究，以期获得准确、信服的评估结果是今后工作努力的方向。

主要缩略词说明

英文缩写	中文名称	英文名称
AHP	层次分析法	Analytic Hierarchy Process
ANN	人工神经网络	Artificial Neural Network
Bel	信度函数	Belief Function
DF	数据融合	Data Fusion
D-S	证据理论	Dempster-Shafter
DT	德尔菲法	Delphi Technique
FCE	模糊综合评判法	Fuzzy Comprehension Evaluation
GRA	灰色关联度分析法	Grey Relational Analysis
HT	超级传输	Hyper Transport
MADM	多属性决策	Multiple Attribute Decision Making
PF	似然函数	Plausibility Function
RC	阻容	Resistor Capacitor
RE	稳健评估	Robust Evaluation
RS	粗糙集	Rough Sets
TOPSIS	逼近理想解的排序法	Technique for Order Preference by Similarity to Ideal Solution
RMS	可靠性、维修性和保障性	Reliability, Maintainability, Supportability

参考文献

[1] 二炮核武器安全性评估研究[D]. 西安：第二炮兵工程学院，1999，2－15.

[2] 张力. 核安全回顾与展望[J]. 中国安全科学，2000(2)：25－32.

[3] 王军延，刘维国，汪非. 某型导弹武器系统效能评估方法应用研究[J]. 舰船电子工程，2010，30(9)：54－57.

[4] 孙新利，陆长捷. 工程可靠性教程[M]. 北京：国防工业出版社，2005，1－10.

[5] 甄涛，王平均，张新民. 地地导弹武器作战效能评估方法[M]. 北京：国防工业出版社，2005，1－17.

[6] 郭齐胜，等. 装备效能评估概论[M]. 北京：国防工业出版社，2005，67－108.

[7] 高尚. 武器系统效能的时效性模型及应用[J]. 现代防御技术，2009，37(3)：1－5.

[8] 刘海峰. 装备软件质量保证的现状和思考[J]. 通信对抗，2008(2)：75－80.

[9] 陈鹏. 软件质量评价探讨[J]. 软件导刊，2008(1)：12－17.

[10] 王雪铭. 评价方法的演变与分类研究[D]. 上海：上海交通大学出版社，2009，5－24.

[11] 胡玉农，夏正洪，王俊峰. 复杂电子信息系统效能评估方法综述[J]. 计算机应用研究，2009，26(3)：819－822.

[12] Jennifer C. Greene，Charles Mc Clintock. The Evolution of Evaluation Methodology[J]. Theory into Practice，1991，30(1)：13－21.

[13] 冯志刚，苏金茂，方昌华，等. 导弹系统安全工程概况[J]. 中国航天，2006(12)：17－23.

[14] Smith M F. Evaluation：Preview of the Future[J]. American Journal of Evaluation，2001，22(3)：281－300.

[15] Oliver Sinnen，Leonel Sousa. Evaluation Methodology and Results[J]. The Journal of Supercomputing，2004，27(2)：177－194.

[16] 陈生玉，王少龙，陈增凯. 美国核武器安全管理与可靠性[M]. 北京：国防工业出版社，2002，312－320.

[17] Chen S M. Method for evaluation weapon system[J]. IEEE Trans Syst，Man，Cybern，2003，26(4)：493－497.

[18] 李恩友. 导弹质量评估方法研究[J]. 弹箭与制导学报，2008，28(4)：79－82.

[19] 袁伟，尚爱国. 核武器安全评价方法分析[J]. 中国安全科学，2007，13(4)：89－92

[20] 许树柏，王莲芬. 层次分析导论[M]. 北京：中国人民大学出版社，1990，1－70.

[21] 王治军. 导弹武器系统的可靠性与维修性[M]. 北京：第二炮兵装备技术部，1993，

43-45.

[22] 田锡惠，徐浩. 导弹结构、材料、强度(上)[M]. 北京：宇航出版社，1996，15-83.

[23] 王莲芬. 层次分析法引论[M]. 北京：中国人民大学出版社，1990，11-156.

[24] 史本山，杨季美. 关于评价指标集并合理论和方法的研究[J]. 西南交通大学学报，1991：74-80.

[25] Abdou，Samir，Savoy，Jacques. Statistical and comparative evaluation of various indexing and search models[J]. Lecture Notes in Computer Science，2006：362-373.

[26] 傅荣林. 主成分综合评价模型的探讨[J]. 系统工程理论与实践，1996(9)：24-27.

[27] 王学民. 对主成分分析中综合得分方法的质疑[J]. 统计与决策，2007(4)：31-32.

[28] 刘思峰，党耀国. 灰色系统理论及其应用(第五版)[M]. 北京：科学出版社，2010，61-90.

[29] 吴顺祥. 灰色粗糙集模型及其应用[M]. 北京：科学出版社，2009，1-18.

[30] Shamilov，Aladdin. A development of entropy optimization methods[J]. WSEAS Transactions on Mathematics，May，2006：568-575.

[31] 张永久，成跃，张立新. 某型导弹质量评估方法研究[J]. 航空兵，2007(5)：56-59.

[32] 费成良. 组合评价方法及其应用研究[D]. 长沙：中南大学出版社，2008，2-6.

[33] 宋光兴. 基于决策者偏好及赋权法一致性的组合赋权法[J]. 系统工程与电子技术，2004(09)：1227-1230.

[34] Van Laarhoven，P J M，Pedrycs W. A fuzzy extension of Saaty priority theory[J]. Fuzzy Sets and Syetem，1983，11：229-241.

[35] 许树柏. 层次分析法原理[M]. 天津：天津大学出版社，1988，23-68.

[36] 巩在武. 不确定模糊判断矩阵理论方法研究[D]. 南京：南京航空航天大学出版社，2006，10-16.

[37] 史丽华. 模糊数排序及判断矩阵的优先权重[D]. 广西：广西大学，2006，10-22.

[38] Xu Z S，Chen J. Some models for deriving the interval priority weights from interval fuzzy preference relations[J]. European Journal of Operational Research，doi：10. 016/j. ejor. 2006. 11. 011.

[39] 李明奇，刘玉娟. 一种基于判断矩阵的专家赋权方法[J]. 科技信息，2010(11)：45-47.

[40] Hwang C L，Yoon K S. Multiple Attribute Decision Making[M]. Berlin：Springer Verlag，1981，29-56.

[41] 黄文忠，艾凌云，彭博. 基于熵权和理想解法的炮兵阵地优选方法[J]. 舰船电子工程，2010，30(8)：39-41.

[42] 杨玉中，张强，吴立云. 基于熵权的TOPSIS供应商选择方法[J]. 北京理工大学学报，2006：21-25.

[43] Llinas L，Bowman C，Rogova G，etl. Revisiting the JDL Data Fusion Model Ⅱ. Proceedings of the Seventh International Conference on Information Fusion 2004，Stockholm，Sweden，2004，1218-1230.

[44] 杨万海. 多传感器数据融合及其应用[M]. 西安：西安电子科技大学出版社，2004，12-54.

[45] Wald L. Definitions and Terms of Reference in Data Fusion. Intemational Archives of Photogrammetry and Remote Sensing(IAPRS). Valladolid，Spain，Jun. 1999 (32)：Part7-4-3，W6：2-6.

[46] Bruce，D. A. Bayesian Methods for Collaborative Decision-Making. Robust Decisions Inc，2003.

[47] Dr. Bmee D. Ambrosio，Bayesian Methods for Collaborative Decision-Makingwww. robustdecisions. com.

[48] 沈鹏高. 基于信念图的武器多准则综合评估及其稳定性分析方法研究[D]. 长沙：国防科学技术大学出版社，2007，19-23.

[49] 韩之俊. 测量系统误差分析研究[D]. 南京：南京理工大学出版社，2007，6-21.

[50] 薄晓静. 基于贝叶斯理论的不确定度评定方法研究[D]. 合肥：合肥工业大学，2005，50-55.

[51] 李强. 熵理论在区间数多属性决策中的应用研究[D]. 北京：首都经济贸易大学出版社，2009，9-20.

[52] 王正新，党耀国，曹明霞. 基于灰熵优化的加权灰色关联度[J]. 系统工程与电子技术，2010，32(4)：774-776.

[53] Chen M Y. Trend relational analysis and grey dynamic modeling. Cybernetics and System94(Austria)，1994，1：19-24.

[54] 冯晖. 元评价方法及其在高等教育评估中的应用研究[D]. 上海：上海交通大学出版社，2007，13-17.

[55] 黄炎焱. 武器作战效能稳健评估方法及其支撑技术研究[D]. 长沙：国防科学技术大学出版社，2006，97-100.

[56] 段新生. 证据理论与决策人工智能[M]. 北京：中国人民大学出版社，1993.

[57] 王文川，程春田，邱林. 基于综合权重的理想模糊物元多属性决策法及应用[J]. 数学的实践与认识，2009，39(3)：126-131.

[58] Nagle D J，Celina M，Rintoul L，etl.. Infrared Microspectroscopic Study of the Thermo-Oxidative Degradation of Hydroxy-Terminated Polybutadiene/isophorone

Diisocyanate Polyurethane rubber[J]. Polymer Degradation and Stability, 2007, 92 (8): 1446-1454.

[59] Neviere R, Guyader M. DMA: A Powerful Technique to Assess Ageing of MED [C]. //37th InternationalAnnualConference of ICT, Karlsruhe, Germany, June, 2006.

[60] Husband D M. Use of Dynamic Mechanical Measurements to Determine the Aging Behavior of Solid Propellant[J]. Propellants, Explosives, Pyrotechnics, 1992, 17 (4): 196-201.

[61] Duncan E J S. Characterization of Glycidyl Azide Ploymer Composite Propellant: Strain Rate Effects and Relaxation Response[J]. Journal of Applied Polymer Science, 1995, 56(3): 365-375.

[62] Duncan E J S, Brousseau P. Comparison of the Uniaxial Tensile Modulus and Dynamic Shear Storage Modulus of a Filled Hydroxyl-terminated Polybutadiene and GAP Propellant[J]. Journal of Materials Science, 1996, 31(5): 1275-1284.

[63] Davis D D. Use of Dilatation in Understanding Composite Propellant Aging[C]. // 37th AIAA/ASME/SAE/ASEE Joint Propulsion Conference and Exhibit, Salt Lake City, Utah, USA, AIAA-2001-6040, 2001.

[64] 贺南昌. 复合固体推进剂的化学老化[J]. 固体火箭技术，1991，14(3)：71-77.

[65] 王春华，彭网大，翁武军，等. HTPB推进剂凝胶分解特性与老化性能的相关性[J]. 推进技术，2000，21(2)：84-87.

[66] 李彦丽，赵海泉. 发动机装药和推进剂方坯老化性能相关性研究[J]. 固体火箭技术，2003，26(3)：49-52.

[67] 张昊，庞爱民，彭松. 方坯药预测寿命与发动机推进剂药柱实际寿命差异研究[J]. 固体火箭技术，2005，28(1)：53-56.